"十二五"职业教育国家规划教材修订版

高等职业教育新形态一体化教材

无机及分析化学实验

（第三版）

主编　叶芬霞

500

400

300

200

100

WUJI JI FENXI HUAXUE SHIYAN

高等教育出版社·北京

内容提要

本书是"十二五"职业教育国家规划教材修订版，可与"十二五"职业教育国家规划教材修订版《无机及分析化学(第三版)》(叶芬霞主编)相配套，也可单独使用。

本书分为实验常识、实验基础知识和基本操作、无机及分析化学实验三大部分。主要内容包括实验基础知识、实验基本操作和技能的训练、无机物的提纯和制备，以及分析化学实验，并编入了一定比例的综合性、设计性实验。书中重要知识点的动画和视频资源可通过扫描二维码观看。

本书适用于高职高专类院校化工、制药、环境、轻工、石油等专业的实验教学，也可供农林、医学、食品等专业的师生参考。

图书在版编目(CIP)数据

无机及分析化学实验/叶芬霞主编.--3版.--北京:高等教育出版社,2019.11 (2022.9 重印)

ISBN 978-7-04-052840-4

Ⅰ.①无… Ⅱ.①叶… Ⅲ.①无机化学-化学实验-高等职业教育-教材②分析化学-化学实验-高等职业教育-教材 Ⅳ.①O61-33②O652.1

中国版本图书馆 CIP 数据核字(2019)第 227721 号

策划编辑 董淑静　责任编辑 董淑静　封面设计 王 洋　版式设计 童 丹
插图绘制 黄云燕　责任校对 马鑫蕊　责任印制 刁 毅

出版发行 高等教育出版社
社　　址 北京市西城区德外大街 4 号
邮政编码 100120
印　　刷 肥城新华印刷有限公司
开　　本 787mm×1092mm　1/16
印　　张 8.5
字　　数 200 千字
购书热线 010-58581118
咨询电话 400-810-0598
网　　址 http://www.hep.edu.cn
　　　　 http://www.hep.com.cn
网上订购 http://www.hepmall.com.cn
　　　　 http://www.hepmall.com
　　　　 http://www.hepmall.cn
版　　次 2008 年 6 月第 1 版
　　　　 2019年11月第 3 版
印　　次 2022 年 9 月第 5 次印刷
定　　价 19.90 元

物 料 号　52840-00

数字化资源总览

digital resources

前言

preface

本书是“十二五”职业教育国家规划教材修订版、高等职业教育新形态一体化教材，是根据高职高专类院校“无机及分析化学”课程的教学需要而编写的配套实验教材，适用于化工、制药、环境、轻工、石油等有关专业的教学，也可供农林、医学、食品等专业的师生参考。

“无机化学”和“分析化学”是以上有关专业的基础课程之一，内容非常广泛，但两者有相当一部分内容重复。鉴于当前我国化学基础课程（尤其是高职高专类院校）亟待加强学生实验技能的训练，迫切需要适应目前高职高专类院校情况并符合教学大纲的教材。为此结合本书多年的使用情况及编者多年教学实践的情况和体会，对本书进行了修订。

本书主要内容有实验常识、实验基础知识和基本操作、常数的测定实验、分析化学实验、无机制备实验、综合性和设计性实验。修订中更新了一定量的综合性及设计性实验，以体现教材的时代性，也有利于激发学生的实验热情，提高学生的实验技能，并突出个性的发展。引入了一些教学和科研的最新成果，采用新颖和先进的实验仪器，一方面体现教材的先进性，同时也引导学生综合应用所学知识与实验技能，提高分析和处理实际问题的能力。在分析化学实验的选材上，注意加强基本操作的训练，对相同的理论基础，选择几个不同的实验内容，旨在使不同的学校、不同的专业根据各自具体情况自由选取实验项目。全书的计量单位采用国家标准所指定的符号和单位。

本书是在教学改革中产生的，经过了多所院校化工及相关专业学生的多年使用，深受师生的欢迎。编者力求使本书具有较高的科学性和系统性，同时又不乏鲜明的时代性，以及反映科学新进展，与实际生产和生活紧密相关的先进性和趣味性。但由于编者水平有限，书中存在的不妥甚至错误之处敬请读者不吝批评指正。

本书由宁波工程学院叶芬霞主编，参加编写的还有李颖等其他实验室老师。

在此，也向对本书提出宝贵意见的各位专家、读者表示衷心感谢。

编　者

2019 年 5 月

目 录

contents

第一部分　实验常识

1.1　实验的目的和要求

1. 通过实验的操作和测定，巩固和扩大课堂学习中所获得的理论知识，培养学生以化学实验为工具获取新知识的能力。

2. 通过实验操作的训练，掌握实验的基本操作技能，完成好实验的基本要求和任务。

3. 通过现象的观察、分析和判断，培养学生独立思考和分析问题、解决问题的能力。

4. 通过理论指导和严格的分析测定及实验结果的数据处理，培养学生严肃认真、实事求是的科学态度。

5. 经过严格的实验训练后，使学生具有一定的分析和解决较复杂问题的实践能力、收集和处理化学信息的能力、文字表达实验结果的能力及团结协作的精神。

1.2　实验室规则

实验室规则是人们在长期实验室工作中归纳总结出来的，它是防止意外事故发生、保证正常地从事实验、做好实验的重要前提，每个人都必须做到，必须遵守。

1. 实验前要认真预习，明确目的要求，了解实验的基本原理、方法和步骤。

2. 实验时要集中精神，遵守操作规则，认真操作，仔细观察，积极思考，如实而详细地做好记录。

3. 遵守实验纪律，按实验要求穿好实验服，必要时戴防护镜、防护手套等；保持实验室内安静，不准大声喧哗，不得到处乱走。

4. 爱护实验仪器和实验设备，注意节约水、电、煤气和药品。每人应该使用自己的仪器，不得动用他人的仪器；公用仪器及临时共用的仪器和工具用毕应洗净，并立即送回原处。如有损坏，必须及时登记补领。

5. 注意保持实验工作区的整洁，实验台上的仪器应整齐地放在一定的位置上，并保持台面的清洁。废纸、火柴梗和碎玻璃等应倒入垃圾箱内，废液应倒入废液缸，切勿倒入水槽，以防堵塞或腐蚀下水管道。

6. 使用精密仪器时，必须严格按照操作规程进行操作，细心谨慎，避免因粗枝大叶而损坏仪器。如发现仪器有故障，应立即停止使用，报告教师，及时排除故障。

7. 实验后，应将所用仪器洗净并放回实验柜内。实验台及试剂架必须擦净，最后关好门、水、电和煤气开关。实验柜内仪器应存放有序，清洁整齐。

8. 对突发的意外事故应保持镇静，切勿惊慌失措；遇有烧伤、烫伤、割伤时应立即报告教师，及时急救和治疗。

9. 鼓励学生对实验中的一切现象（包括反常现象）和对实验及实验室管理中存在的问题，进行讨论，提倡提出自己的看法，做到生动、活泼、主动学习。

1.3 实验室安全知识

做实验时，会经常使用水、电、煤气和各种药品、仪器，如果马马虎虎，不遵守操作规则，不但会造成实验的失败和损失，还可能发生事故，因此重视安全操作，熟悉一般的安全知识，学会对意外事故的一般救护措施和处理方法是十分必要的。

一、实验室安全守则

1. 必须了解实验室的环境，充分熟悉水、电、煤气阀门及急救箱、紧急喷淋设施和消防用品等的放置地点和使用方法。

2. 实验室内药品严禁任意混合，更不能尝其味道，以免发生意外事故。注意试剂、溶剂的瓶盖、瓶塞不能混用。

3. 绝对禁止在实验室内饮食、吸烟。使用有毒试剂（如氟化物、氰化物、铅盐、钡盐、六价铬盐、汞的化合物和砷的化合物等）时，严防入口或接触伤口，剩余的药品或废液不得倒入下水道或废液桶内，应倒入回收瓶中集中处理。

4. 当产生 H_2S，CO，Cl_2，SO_2 等有毒的、恶臭的、有刺激性的气体时，应该在通风橱内进行。加热或蒸发盐酸、硝酸、硫酸时也应在通风橱中进行。

5. 有机溶剂（如乙醇、乙醚、苯、丙酮等）易燃，使用时一定要远离火源，用后应把瓶塞塞严，放置于阴凉处。

6. 使用具有强腐蚀性的浓酸、浓碱、溴、洗液时，应避免接触皮肤和溅在衣服上，更要注意保护眼睛，必要时应佩戴防护眼镜。

7. 加热、浓缩液体的操作要十分小心，不能俯视正在加热的液体，以免溅出的液体灼伤眼、脸。加热试管中的液体时，不能将试管口对着自己或他人。当需要借助嗅觉鉴别少量气体时，绝不能用鼻子直接对准瓶口或试管口嗅闻气体，而应用手把少量气体轻轻地扇向鼻孔进行嗅闻。

8. 使用电器设备时，不要用湿手接触仪器，以防触电，用后拔下电源插头。用完煤气后或遇煤气临时中断供应时，应立即把煤气阀门关闭。煤气管道漏气时，应立即停止实验，进行检查。

二、实验室意外事故的处理

1. 割伤：伤口内有异物时，应先取出，涂上药水或创可贴，必要时送医院救治。

2. 烫伤：可在烫伤处涂上烫伤膏或万花油，必要时送医院救治。

3. 酸（或碱）伤：酸（或碱）洒到皮肤上时，先用大量水冲洗，再用饱和碳酸氢钠（或

2%醋酸溶液)冲洗,最后再用水冲洗,涂敷氧化锌软膏(或硼酸软膏)。

4. 酸(或碱)溅入眼内时,应立即用大量水冲洗,再用 2% $Na_2B_4O_7$ 溶液(或 3%硼酸溶液)冲洗眼睛,然后用大量蒸馏水冲洗。

5. 溴腐蚀:先用 C_2H_5OH 或 10% $Na_2S_2O_3$ 溶液洗涤伤口,然后用水冲净,并涂敷甘油。

6. 在吸入刺激性或有毒气体如溴蒸气、氯蒸气、氯化氢时,可吸入少量乙醇或乙醚的混合蒸气解毒。若不慎吸入煤气、硫化氢气体,则应立即到室外呼吸新鲜空气。

7. 遇毒物误入口内时,立即取一杯含 5~10 mL 稀 $CuSO_4$ 溶液的温水,内服后再用手指伸入咽喉部,促使呕吐,然后立即送医院治疗。

8. 不慎触电时,立即切断电源,必要时进行人工呼吸。

三、消防

实验室不慎起火时,一定不要惊慌失措,而应根据不同的着火情况,采取不同的灭火措施。由于物质燃烧需要空气和一定温度,所以灭火的原则是将燃烧的物质与空气隔绝或降温。

化学实验室常用的灭火措施有:

1. 小火用湿布、石棉布覆盖燃烧物即可灭火,大火可用泡沫灭火器灭火。对活泼金属 Na, K, Mg, Al 等引起的着火,应用干燥的细沙覆盖灭火。有机溶剂着火,切勿用水灭火,而应用二氧化碳灭火器、干粉灭火器或沙子等灭火。

2. 在加热时着火,立即停止加热,关闭煤气总阀,切断电源,把一切易燃易爆物移至远处。

3. 电器设备着火,先切断电源,再用四氯化碳灭火器灭火,也可用干粉灭火器或 1211 灭火器灭火。

4. 当衣服上着火时,切勿慌张跑动,应赶快脱下衣服或用石棉布覆盖着火处,或在地上卧倒打滚,以起到灭火作用。

5. 必要时报火警。

四、"三废"处理

在化学实验中常会产生各种各样有毒的废气、废液和废渣。"三废"不仅污染环境,造成公害,而且"三废"中的贵重和有用的成分没能回收,在经济上也是损失。此外,树立环保意识,处理好"三废"是非常重要的。

1. 有毒废气的排放:当做产生少量有毒气体的实验时,可以在通风橱中进行。通过排风设备把有毒废气排放到废气处理设施中处理后排放。做产生大量有毒气体的实验时,应该安装气体吸收装置来吸收这些气体,然后进行处理。

2. 废酸和废碱溶液经过中和处理,使 pH 为 6~8,并用大量水稀释后方可排放。

含 Cd 废液:加入消石灰等碱性试剂,使所含的金属离子形成氢氧化物沉淀而除去。

含六价铬的化合物:在铬酸废液中,加入 $FeSO_4$, Na_2SO_3,使其变成三价铬后,再加入 NaOH(或 Na_2CO_3)等碱性试剂,调 pH 为 6~8,使三价铬形成氢氧化铬沉淀除去。

含氰化物的废液:有两种处理方法。其一为氯碱法,即将废液调节成碱性后,通入氯气或加入次氯酸钠,使氰化物分解成二氧化碳和氮气而除去;另一方法为铁蓝法,即在含有氰化物的废液中加入硫酸亚铁，使其变成氰化亚铁沉淀而除去。

含汞及其化合物：有较多的处理方法。其一为离子交换法，此法处理效率高，但成本较高，所以少量含汞废液的处理不适宜用此方法。处理少量含汞废液经常采用化学沉淀法，在含汞废液中加入 Na_2S，使其生成难溶的 HgS 沉淀而除去。

含铅盐及重金属的废液：其方法为在废液中加入 Na_2S(或 NaOH)，使铅盐及重金属离子生成难溶性的硫化物(或氢氧化物)而除去。

含砷及其化合物：在废液中加入硫酸亚铁，然后用氢氧化物来调 pH 至 9，这时砷化物就与难溶性的氢氧化铁产生共沉淀，经过滤而除去。另外，还可用硫化物沉淀法，即在废液中加入 H_2S 或 Na_2S，使其生成砷化物沉淀而除去。

有毒的废液和废渣应委托有资质的单位妥善处理。

1.4 无机及分析化学实验的学习方法

一、预习

为了使实验能够取得良好的预期效果，实验前必须进行预习。

1. 首先必须阅读实验教材、理论书籍和参考资料中的相关内容；
2. 明确本次实验的目的；
3. 了解实验的内容、步骤、操作过程和注意事项；
4. 写好预习报告。

预习报告包括实验的目的、原理(反应式)、实验步骤和注意事项等。根据实验教材改写成简单明了的实验步骤(可用"→"来表示每一个步骤，而不是照抄教材中的实验内容)，步骤中的文字可用符号简化，如加热(△)、加(＋)、沉淀(↓)、气体逸出(↑)等。这样，在实验前就已经形成了一个实验提纲，可按提纲进行实验，也可对实验时间有一个统筹的安排。

实验前由实验指导教师检查预习报告，若发现预习不够充分，应先停止实验，要求在掌握了实验内容之后再进行实验。

二、实验

化学实验的目的是为了解决一个化学问题，根据设计的实验方法进行观察和测试，由实验结果得出结论，使问题得到解决。一般，应根据实验教材上所规定的方法、步骤和试剂用量及指导教师的要求进行操作，并做到：

1. 认真操作，细心观察，如实记录；
2. 保持肃静，遵守规则，注意安全，整洁节约；
3. 设计实验和做规定以外的实验内容，应先经过指导教师允许；
4. 实验完毕，应洗净仪器、整理药品及实验台。

三、实验报告

实验结束后，应严格根据实验记录，对实验现象作出解释，写出有关反应方程式，或对实验数据进行处理和计算，得出结论，并对实验中的问题进行讨论，独立完成实验报告，及时交指导教师审阅。

书写实验报告应字迹清楚端正，简明扼要，整齐清洁。

在实验报告中，制备实验主要写出物质制备的原理、流程、原料量、产率、产品质量及性质等。原料经多步操作过程，最终得到产品。一般流程可用框图表示，每一个操作可视为一个框图。性质测定实验主要是测定数据及数据处理过程。所有原始数据都要记录准确无误，计算时应该有具体数据处理过程。下面列举几种类型实验报告的格式示例：

例 1　无机制备实验实验报告示例

实验名称：粗食盐提纯

__________系__________专业__________年级__________班级

学号__________　姓名__________　实验日期__________

一、实验目的

1. 掌握提纯粗食盐的原理和方法。
2. 学习溶解、沉淀、减压过滤、蒸发浓缩、结晶和烘干等基本操作。
3. 了解 SO_4^{2-}，Ca^{2+}，Mg^{2+} 等离子的定性鉴定。

二、实验原理

粗食盐中含有 SO_4^{2-}，Ca^{2+}，Mg^{2+}，K^+ 等可溶性杂质和泥沙等不溶性杂质。首先在粗食盐溶液中加过量的 $BaCl_2$，过滤可除去 SO_4^{2-} 和不溶性杂质；然后在滤液中加入 Na_2CO_3 可除去 Ca^{2+}，Mg^{2+} 和过量的 Ba^{2+}；最后用 HCl 中和。浓缩时由于 NaCl 浓度大且溶解度比 KCl 小，故首先结晶出来。

三、实验步骤

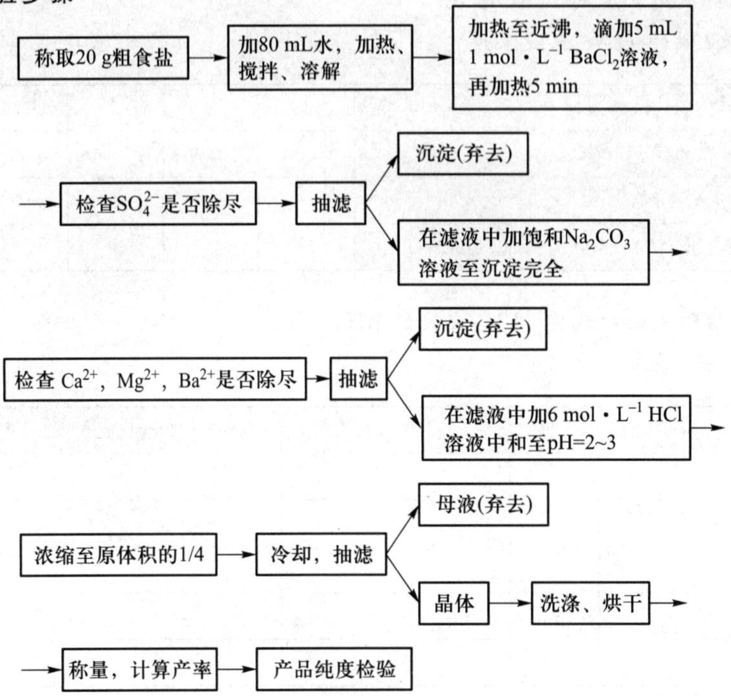

四、实验结果

1. 产量：　　　　　　　　产率：

2. 产品纯度检验表

检验项目	SO_4^{2-}	Ca^{2+}	Mg^{2+}
检验方法	加 6 mol·L^{-1} HCl 溶液 4 滴和 1 mol·L^{-1} $BaCl_2$ 溶液 5 滴	加 2 mol·L^{-1} HAc 溶液使呈酸性，再加饱和 $(NH_4)_2C_2O_4$ 溶液 3～4 滴	加 2 mol·L^{-1} NaOH 溶液 5 滴和镁试剂 1 滴
产品			
粗食盐			

五、思考题及讨论(略)

例 2　性质测定实验实验报告示例

实验名称：醋酸标准解离常数和解离度的测定

________系________专业________年级________班级

学号________　姓名________　实验日期________

一、实验目的(略)

二、实验原理(略)

三、实验步骤

1. 醋酸标准解离常数和解离度的测定

(1) 配制不同浓度的 HAc 溶液

实验室提供的 HAc 溶液浓度________mol·L^{-1}。

HAc 溶液编号	1	2	3	4	5
加入 HAc 溶液的体积/mL	5.00	10.00	25.00	50.00	25.00
加入 NaAc 溶液的体积/mL	—	—	—	—	5.00
稀释至 50 mL 后，HAc 溶液的浓度/(mol·L^{-1})					

(2) 由稀到浓依次测定 HAc 溶液的 pH。

(3) 数据记录与处理。

编号	c/(mol·L^{-1})	pH	$c(H^+)$/(mol·L^{-1})	$c(Ac^-)$/(mol·L^{-1})	$K^\ominus$	α
1						
2						
3						
4						
5						

2. 未知弱酸标准解离常数的测定

取 10.00 mL 未知弱酸溶液，以酚酞作为指示剂，用 NaOH 溶液滴定至终点，然后再加入 10.00 mL 该弱酸溶液。

测得该溶液的 pH 为__________。

该弱酸的标准解离常数为__________。

四、思考题及讨论(略)

例 3　定量分析实验实验报告示例

实验名称：HCl 溶液的配制与标定

__________系__________专业__________年级__________班级

学号__________　姓名__________　实验日期__________

一、实验目的(略)

二、实验原理(略)

三、实验步骤

准确称取 Na_2CO_3 0.15～0.2 g → 加80 mL蒸馏水 → 加9滴溴甲酚绿–二甲基黄混合指示剂 → 用待标定的HCl溶液滴至由绿色变为亮黄色

四、数据记录与处理

记录项目	编号		
	1	2	3
称量瓶＋Na_2CO_3 质量(倒出前)/g			
称量瓶＋Na_2CO_3 质量(倒出后)/g			
Na_2CO_3 质量/g			
HCl 溶液最后读数/mL			
HCl 溶液最初读数/mL			
HCl 溶液净用量/mL			
c(HCl)/(mol·L^{-1})			
$\bar{c}$(HCl)/(mol·L^{-1})			
相对平均偏差			

五、思考题及讨论(略)

第二部分　实验基础知识和基本操作

2.1　实验基本仪器介绍

在实验中，会用到许多基本的实验仪器，现介绍如下。

动画：
无机化学实验常用玻璃仪器

视频：
量出式玻璃量器

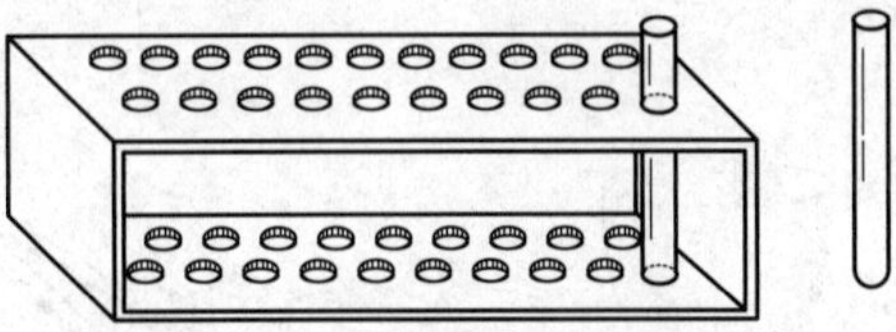

试管及试管架

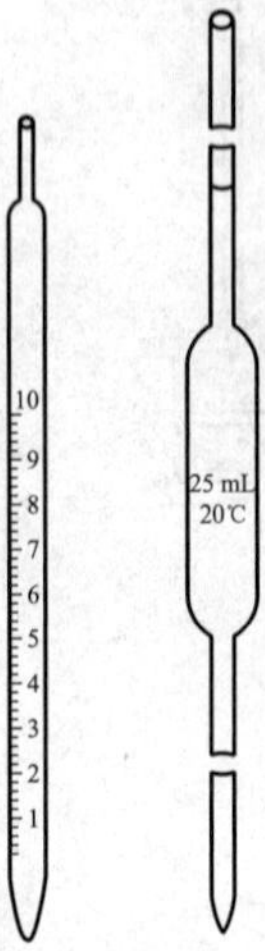

吸量管和移液管

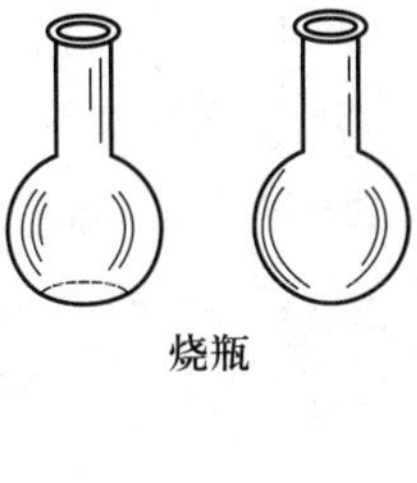

烧瓶

锥形瓶

碘量瓶

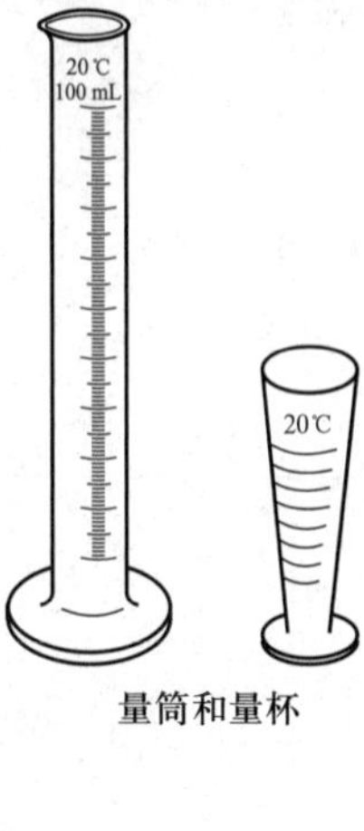

量筒和量杯

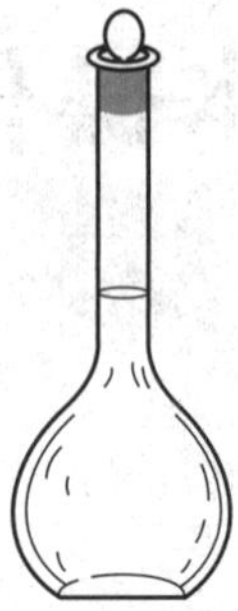
容量瓶

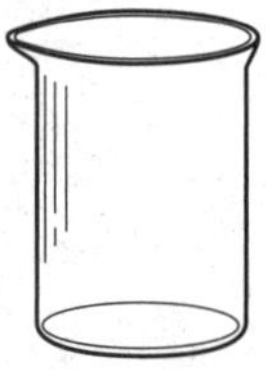
烧杯

试剂瓶

玻璃砂滤坩埚

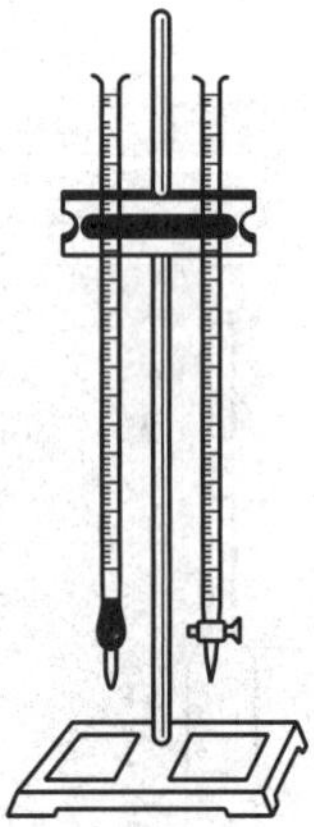
滴定管和滴定管架

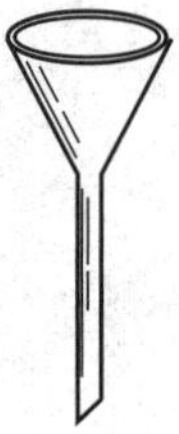
漏斗

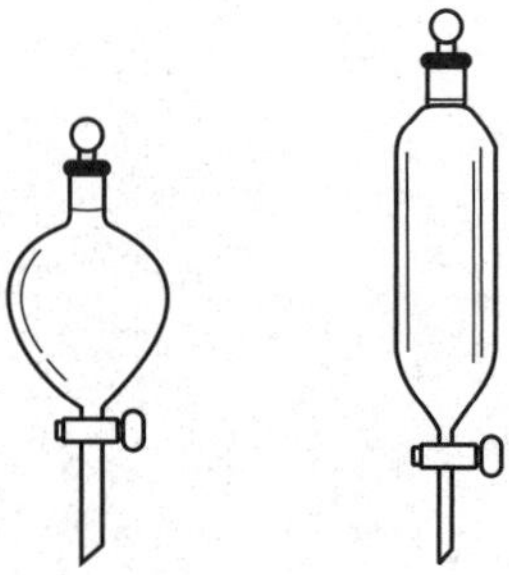
分液漏斗和滴液漏斗

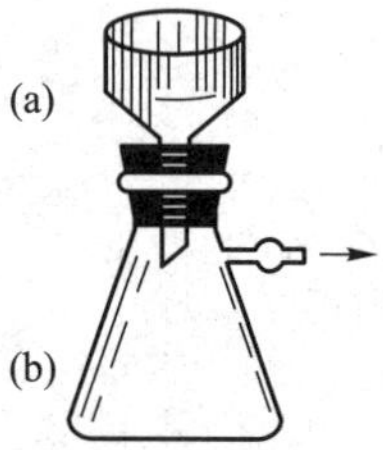

布氏漏斗(a)和抽滤瓶(b)

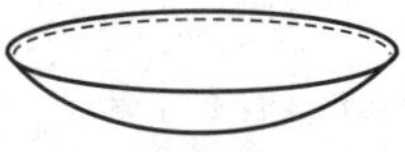
表面皿

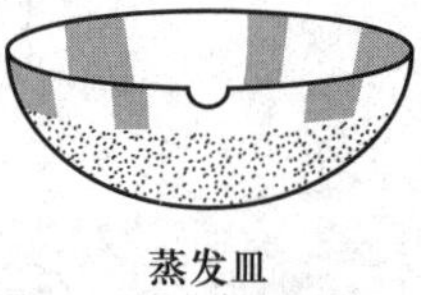
蒸发皿

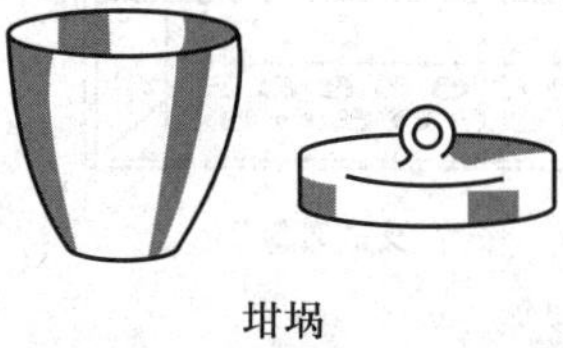
坩埚

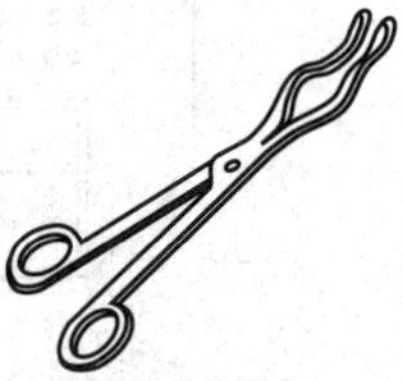
坩埚钳

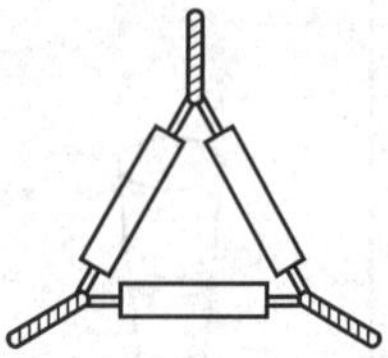
泥三角

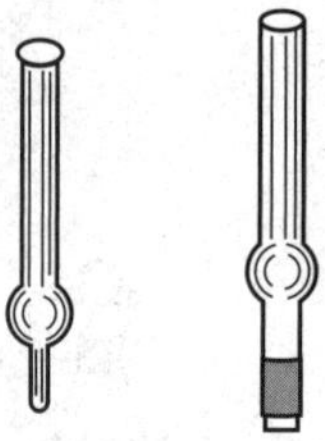
干燥管

滴管

滴瓶

干燥器

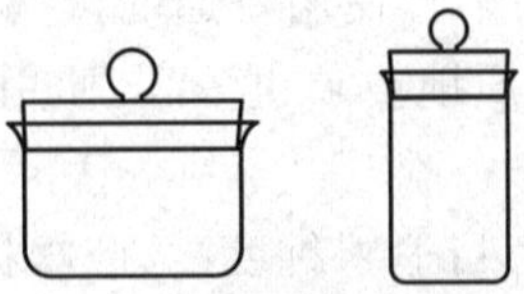

称量瓶

研钵

洗瓶

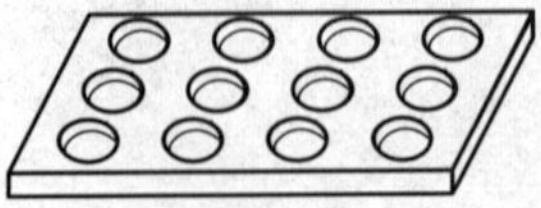

点滴板

离心试管

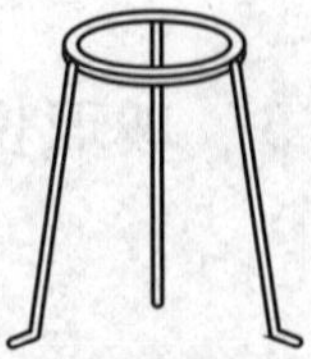

三脚架

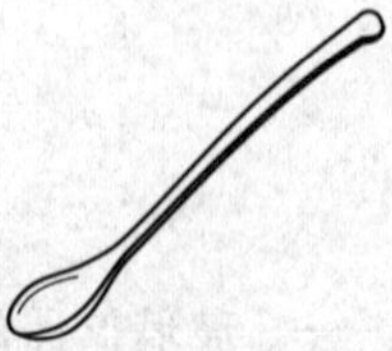

药匙

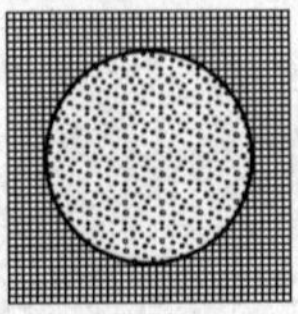

石棉网

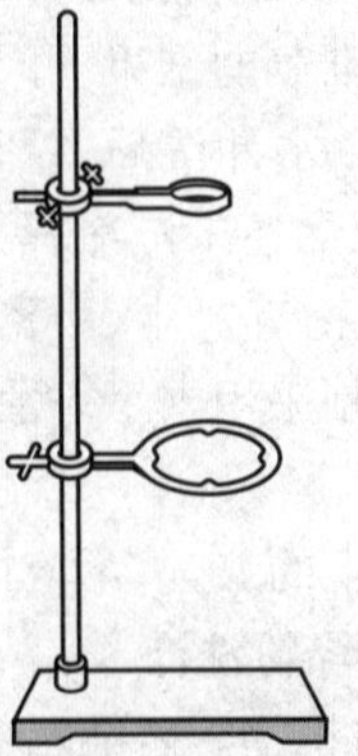

铁夹、铁圈和铁架台

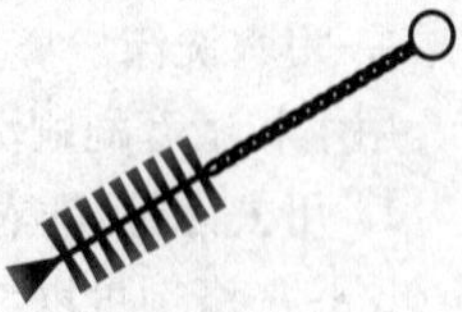

试管刷

2.2　化学试剂的规格

化学试剂的规格是以其中所含杂质多少来划分的，根据国家标准(GB)及行业标准，一般可分为四个等级，其规格和适用范围见表 2-1。

表 2-1　化学试剂的级别

试剂的分类	优级纯	分析纯	化学纯
试剂的级别	一级	二级	三级
标签颜色	绿色	红色	蓝色
符号	GR	AR	CP
适用范围	适用于精密的分析及研究工作	适用于多数的分析研究及教学实验工作	适用于一般性的化学实验工作及教学工作

此外，还有光谱纯试剂、基准试剂、色谱纯试剂等。

在分析工作中，选用的试剂纯度要与所用方法相当，实验用水、操作器皿等要与试剂的等级相适应。若试剂都选用 GR 级，则不宜使用普通的蒸馏水或去离子水，而应使用经两次蒸馏制得的重蒸馏水，所用器皿的质地要求也较高，使用过程中不应有物质溶解，以免影响测定的准确性。

选用试剂时，要注意节约原则，不要盲目追求纯度高，应根据具体要求取用。对所用试剂的规格有所怀疑时应该进行鉴定。在特殊情况下，市售的试剂纯度不能满足要求时，分析者应自己动手精制。

2.3 玻璃仪器的洗涤与干燥

一、玻璃仪器的洗涤

化学实验中经常使用各种玻璃仪器和瓷器。如使用不干净的仪器进行实验，往往会由于污染和杂质的存在，而得不到准确的结果。因此，实验前必须把仪器洗涤干净。

玻璃仪器清洗干净的标准是用水冲洗后，仪器内壁能均匀地被水湿润而不沾附水珠，如果仍有水珠沾附内壁，说明仪器还未洗净，需要进一步进行清洗。

一般来说，附着在仪器上的污物有灰尘、可溶性物质和不溶性物质、有机物及油污等。针对这些不同的污物，可以分别采用以下方法洗涤：

1. 用水洗涤

用水和试管刷刷洗，除去仪器上的灰尘、不溶性物质和可溶性物质。

2. 用去污粉、洗衣粉和合成洗涤粉洗涤

这些洗涤剂可以洗去油污和有机物。若油污和有机物仍然洗不干净，可用热的碱液洗涤。

3. 用铬酸洗液洗涤

坩埚、称量瓶、吸量管、滴定管等宜用铬酸洗液洗涤，必要时可加热洗液。洗液可反复使用。洗液是浓硫酸和饱和重铬酸钾溶液的混合物，有很强的氧化性和酸性。使用铬酸洗液时，应避免引入大量的水和还原性物质（如某些有机物），以避免铬酸洗液冲稀或变绿而失效。铬酸洗液具有很强的腐蚀性，使用时必须注意。

铬酸洗液的配制：取 20 g 粗 $K_2Cr_2O_7$ 置于 500 mL 烧杯中，加水 40 mL，加热溶解，冷却后沿杯壁在搅动下缓慢加入 320 mL 浓 H_2SO_4 即成。

4. 用特殊的试剂洗涤

一些仪器上常常有不溶于水的污垢，尤其是原来未清洗而长期放置后的仪器。这时需要视污垢的性质选用合适的试剂，使其经化学作用而除去。几种常见污垢的处理方法见表 2-2。

除了上述清洗方法外，还可用超声波清洗器。只要把用过的仪器，放在配有合适洗涤剂的溶液中，接通电源，利用超声波的能量和振动，就可以将仪器清洗干净，既省时又方便。

表 2-2 常见污垢的处理方法

污垢	处理方法
碱土金属的碳酸盐、$Fe(OH)_3$、一般氧化剂如 MnO_2 等	用稀 HCl 溶液处理，MnO_2 需要用 6 $mol\cdot L^{-1}$ 的 HCl 溶液处理
沉积的金属如银、铜	用 HNO_3 溶液处理
沉积的难溶银盐	用 $Na_2S_2O_3$ 溶液洗涤，Ag_2S 则用热、浓 HNO_3 溶液处理
黏附的硫黄	用煮沸的石灰水处理：$3Ca(OH)_2+12S = 2CaS_5+CaS_2O_3+3H_2O$
高锰酸钾污垢	用草酸溶液处理(黏附在手上时也用此法)
残留的 Na_2SO_4，$NaHSO_4$ 固体	用沸水使其溶解后趁热倒掉
沾有碘迹	可用 KI 溶液浸泡；用温热的稀 NaOH 溶液或用 $Na_2S_2O_3$ 溶液处理
瓷研钵内的污迹	用少量食盐在研钵内研磨后倒掉，再用水洗
有机物残留的胶体或焦油状有机物	视情况用低规格或回收的有机物(如乙醇、丙酮、苯、乙醚等)浸泡；或用稀 NaOH 溶液、浓 HNO_3 溶液煮沸处理
一般油污及有机物	用含 $KMnO_4$ 的 NaOH 溶液处理
被有色试剂染色的比色皿	可用体积比为 1∶2 的 HCl-乙醇溶液处理

二、玻璃仪器的干燥

根据不同的情况，可采用下列方法将洗净的仪器干燥。

1. 晾干

将洗净的仪器倒立放置在适当的仪器架上，让其在空气中自然干燥，倒置可以防止灰尘落入，但要注意放稳仪器。

2. 烘干

将洗净的仪器放入电热恒温干燥箱内干燥。注意玻璃仪器干燥时，应先洗净并将水尽量倒尽，放置时应注意平放或使仪器口朝上，带塞的瓶子应打开瓶塞，如果能将仪器放平在托盘里则更好。

3. 烤干

烧杯和蒸发皿可以放在石棉网上用小火烤干。烤干之前应先擦干仪器外壁的水珠。试管烤干时应使试管口向下倾斜，以免水珠倒流炸裂试管。烤干时应从试管底部开始，慢慢移向管口，不见水珠后再将管口朝上，把水汽赶尽。

4. 吹干

用电吹风机或玻璃仪器气流干燥器将玻璃仪器吹干。用电吹风机吹干时，一般先用热风吹玻璃仪器的内壁，待干后再吹冷风使其冷却。如果先用易挥发的溶剂如乙醇、丙酮等淋洗仪器，将淋洗液倒净，然后用电吹风机以冷风—热风—冷风的顺序吹，则会干得更快。另一种方法是将洗净的仪器直接放在气流干燥器内进行干燥。

小贴士

一般带有刻度的计量仪器，如移液管、容量瓶、滴定管等不能用加热的方法干燥，以免热胀冷缩影响仪器的精密度。玻璃磨口仪器和带旋塞的仪器洗净后放置时，应该在磨口处和旋塞处垫上小纸片，以防长期放置后不易打开。

2.4 加热与冷却

一、加热

实验室常用到酒精灯、酒精喷灯、电炉、电加热套、水浴锅等加热设备，下面介绍几种加热设备。

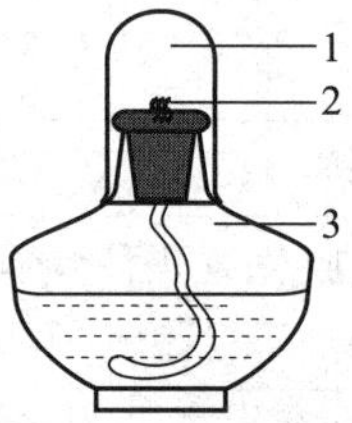

1—灯帽；2—灯芯；3—灯壶（加热温度 400～500 ℃）

图 2-1 酒精灯的构造

1. 酒精灯

(1) 构造(图 2-1)

(2) 使用方法(图 2-2)

2. 酒精喷灯

(1) 类型和构造(图 2-3)

(2) 使用方法(图 2-4)

3. 电炉

电炉可代替酒精灯用于一般加热，也可借调节输入电压（安装可调变压器）来控制温度的高低。在加热的容器和电炉之间最好放一块石棉网或石棉板，以保证受热均匀。

实验室中还常用电加热套（图 2-5）、马弗炉（图 2-6）和电热鼓风干燥箱（图 2-7）等多种电器进行加热。马弗炉一般可以加热到 1 000 ℃以上，并且适宜于某一温度下长时间恒温。干燥箱可控制在300 ℃以下的任一温度，对仪器和样品进行任意时间的烘干。

二、冷却

为了把反应温度控制在一定范围内，或为了观察低温下的变化情况，常需要适当冷却。此外，当溶液经蒸发、浓缩后，也需要冷却结晶。常用的制冷方法如下：

1. 水冷

水冷是最经济、简便的制冷方法，但只能达到室温左右。冷却时可将容器浸在静水或流水浴中。

2. 冰浴

冰的熔点在常压下为 0 ℃，它融化时需吸收大量热（1 g 冰融化成同温度的水需吸热 330.5 J）。冷却时将容器置于冰水浴中，可获得 0 ℃的低温。如在冰中放些食盐或氯化钙，则可获得更低的温度。

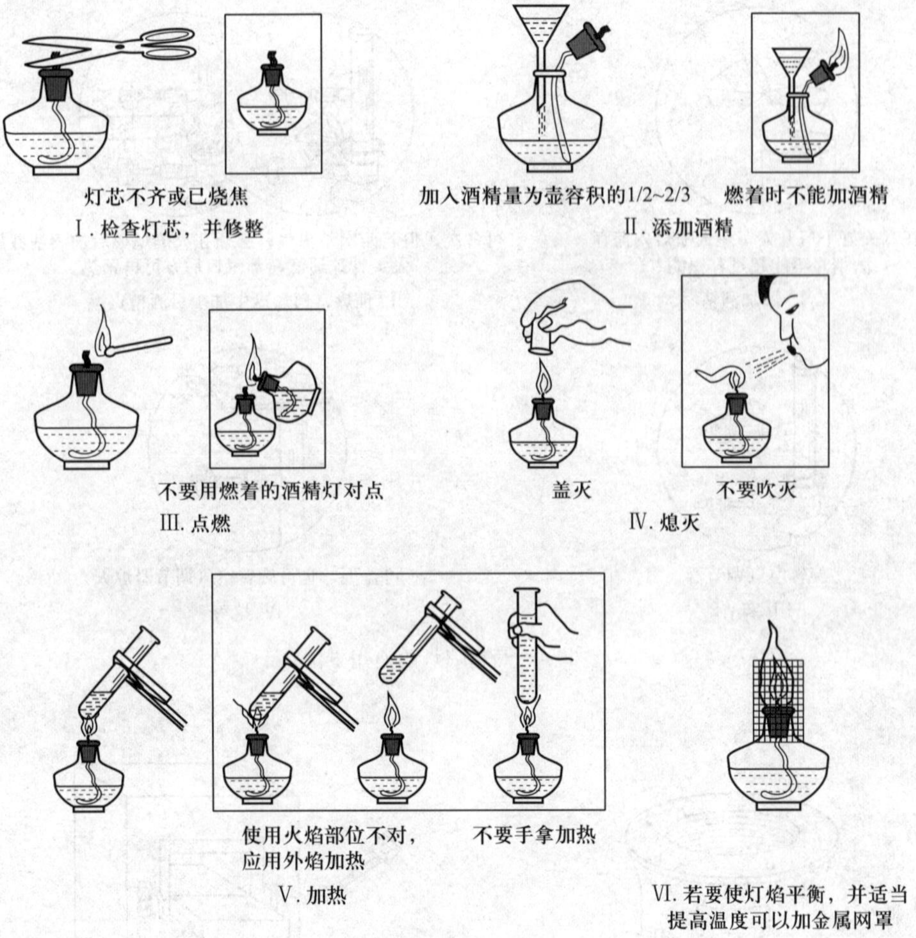

图 2-2　酒精灯的使用方法

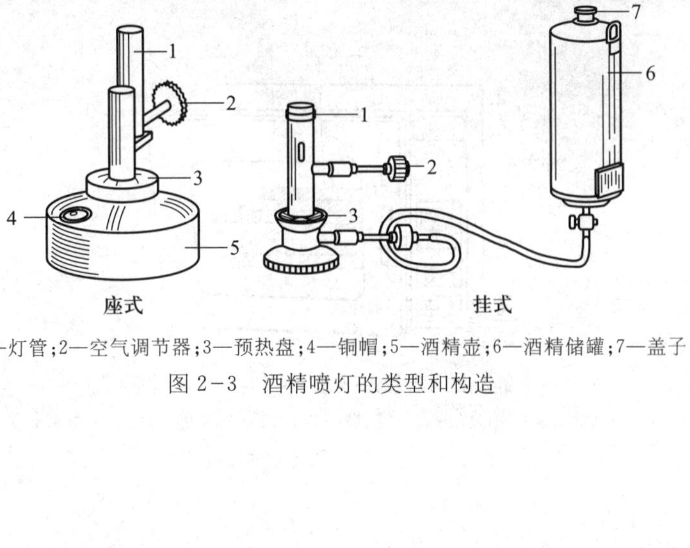

1—灯管；2—空气调节器；3—预热盘；4—铜帽；5—酒精壶；6—酒精储罐；7—盖子

图 2-3　酒精喷灯的类型和构造

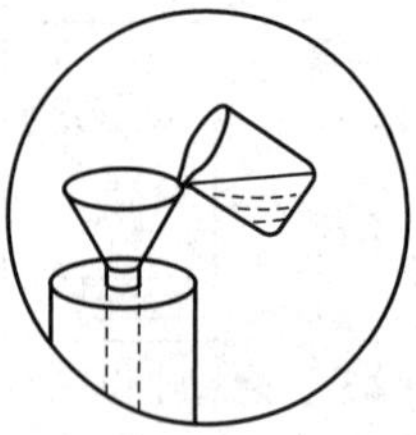

注意关好下口开关，座式喷灯内储存
酒精量不能超过容积的2/3

Ⅰ.添加酒精

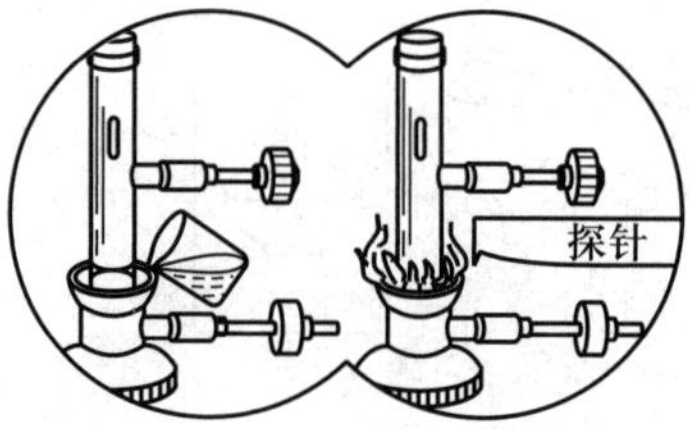

可多次，但若两次不出气，必须在火焰熄灭后加酒精并用
大头针疏通酒精蒸气口后方可再预热

Ⅱ.预热，预热盘中加少量酒精点燃

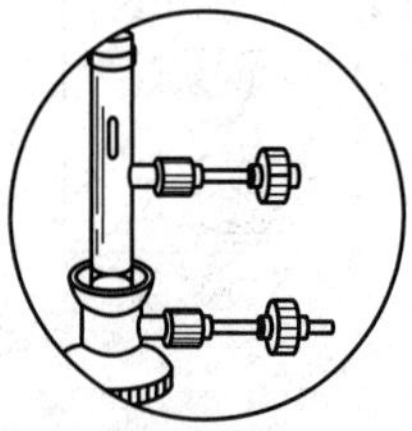

旋转空气调节器

Ⅲ.调节

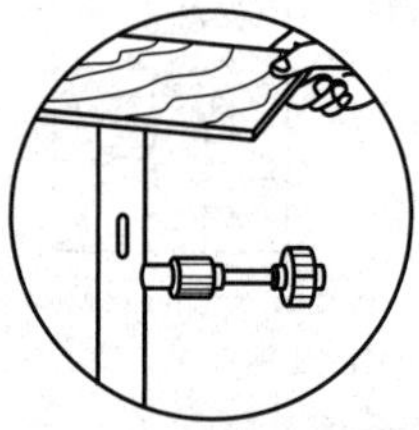

可盖灭，也可旋转空气调节器熄灭

Ⅳ.熄灭

图 2-4　酒精喷灯的使用方法

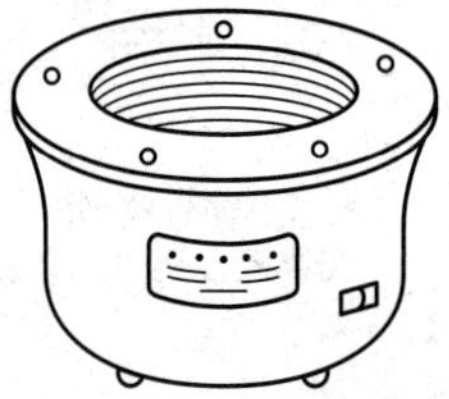

图 2-5　电加热套

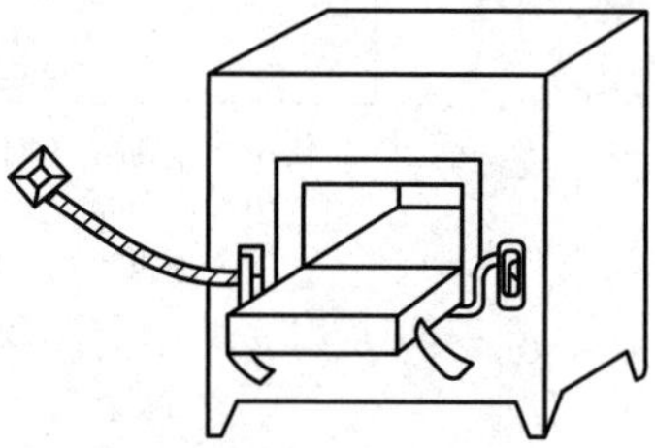

图 2-6　马弗炉

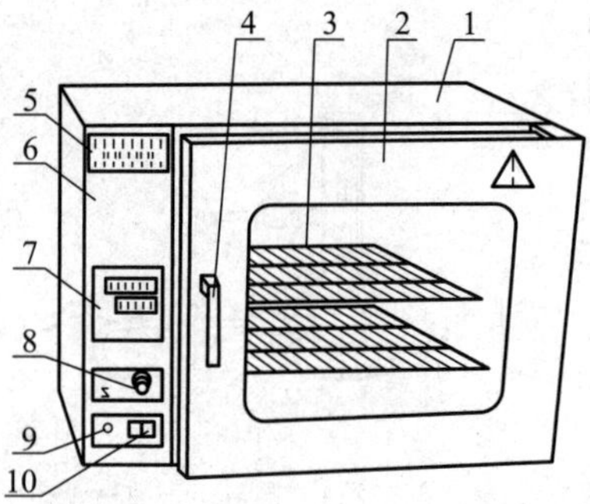

1—箱体；2—箱门；3—搁板；4—门拉手；5—铭牌；
6—控制面板；7—控温仪；8—风门调节旋钮；9—电源指示灯；10—电源开关

图 2-7　电热鼓风干燥箱(台式)

2.5　滴定分析仪器和基本操作

滴定分析中常用到容量瓶、移液管、滴定管等仪器来准确测量溶液的体积。对这类仪器的正确使用是提高分析结果准确度的关键。要特别指出的是，容量瓶是“**容纳**”仪器，而滴定管和移液管是“**放出**”仪器，它们的使用功能是有明显区别的。下面分别介绍这几种常用仪器的操作要领。

一、滴定管

滴定管是完成滴定分析最基本的仪器之一。

1. 滴定管的准备

(1) 检查并清洗　使用前，首先应检查旋塞和旋塞套是否紧密配合，若不密合将会出现漏水现象，则不宜使用。其次应进行清洗，方法如下：

无明显油污的滴定管，可直接用自来水冲洗；如有油污，可用滴定管刷蘸少许洗衣粉刷洗；若用这两种方法都不能洗净，则可用铬酸洗液洗。加入 10～15 mL 铬酸洗液，边旋转边将滴定管放平，并将滴定管口对着铬酸洗液瓶口，以防铬酸洗液洒出，直到铬酸洗液布满全管为止，然后打开旋塞，将铬酸洗液放回原铬酸洗液瓶中。先用自来水冲洗，再用蒸馏水冲洗 2～3 次即可，如油污严重可用温铬酸洗液浸泡一段时间，然后再按上述过程洗涤干净，洗净的滴定管内壁应完全被水均匀润湿而不挂水珠。

(2) 检查是否漏水　在滴定管内装入蒸馏水至刻度以上，把滴定管垂直夹在滴定台上，观察有无漏水现象，然后将旋塞转动 180°，再观察一次，无漏水现象即可使用，如有漏水现象应旋紧旁边的旋钮。

2. 操作溶液的装入

先将试剂瓶中的溶液摇匀后才能直接倒入滴定管中，不得用其他容器(如烧杯、漏斗来转移)。用摇匀的操作溶液将滴定管洗三次(每次 10 mL 左右)，洗涤时，两手平端滴定管，慢慢转动，使溶液流遍全管，打开滴定管旋塞，使洗涤溶液从出口管下端流出。如此洗涤 2～3 次，即可将操作溶液装入滴定管，直到充满“0”刻度线以上为止。应检查滴定管下端出口处有无气泡。如有气泡应排出。

3. 滴定管的读数

(1) 装满或放出溶液后，必须等 1～2 min，使附着在内壁的溶液流下来，再进行读数。

(2) 读数时，最好与调“0”刻度情况一样进行读数，注意应使滴定管保持垂直。

(3) 对于无色或浅色溶液，应读取弯月面下缘最低点，读数时，视线在弯月面下缘最低处，且与液面成水平，如图 2-8 所示；溶液颜色太深时，读液面两侧的最高点，此时视线应与该点成水平。

(4) 必须读到小数点后第二位，即要求估读到 0.01 mL。

(5) 为了便于读数，可在滴定管后衬一黑白两色的读数卡片。读数时，将卡片衬在滴定管背后，使黑色部分在弯月面下约 1 mm，弯月面的反射层即全部成为黑色，如图 2-9 所示，读数就清晰易读，但对深色溶液可用白色卡片作为背景。

(6) 若为乳白板监线衬背滴定管,则应当取监线上下两端相对点的位置读数。

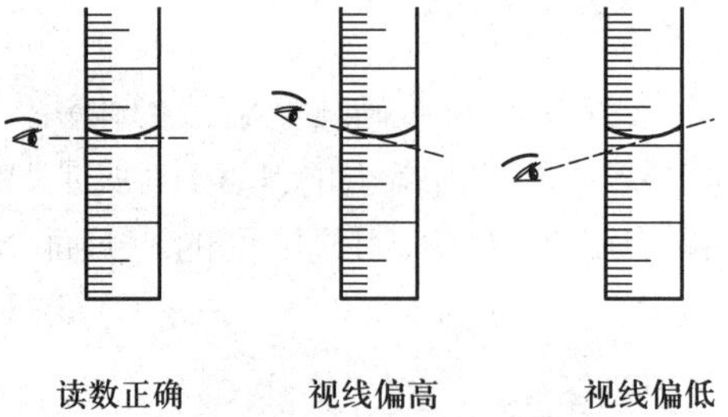

图 2-8　滴定管的读数方法图

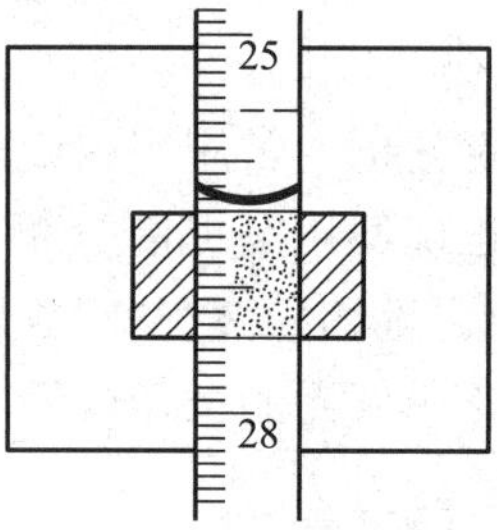

图 2-9　衬黑白色卡片

4. 滴定管的操作方法

先将滴定管垂直地夹在滴定台上。左手无名指和小指向手心弯曲,轻轻地贴着出口管,其余三指控制旋塞的转动,如图 2-10 所示。应注意手心不要碰挤旋塞的小头,同时也不要向外拉旋塞,否则会造成漏液现象。

在锥形瓶中进行滴定时,用右手前三个手指拿住瓶颈,使瓶底离瓷板 2~3 cm。滴定管下端应伸入瓶口约 1 cm,左手按前述方法滴加溶液,右手运用腕力摇动锥形瓶,边滴加边摇动,如图2-11所示,滴加速度一般为 3~4 滴/s,临近终点时,应一滴或半滴地加入,并用洗瓶吹入少量水洗锥形瓶内壁,使附着的溶液全部流下,然后摇动锥形瓶,如此继续滴定至到达终点为止。

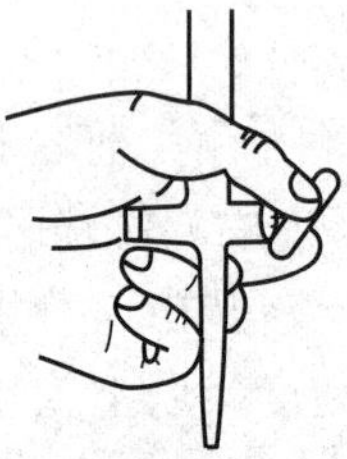

图 2-10　左手旋转旋塞手法

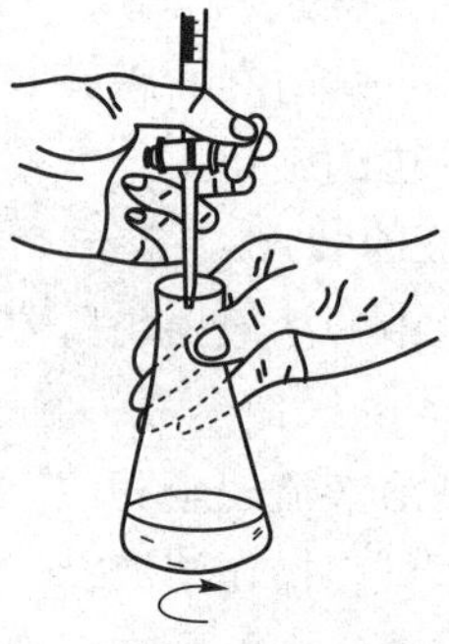

图 2-11　锥形瓶操作

滴定最好每次都从 0.00 mL 开始,这样可以减小误差。

二、容量瓶

一般容量瓶都是“量入”式的,瓶上标有“E”字样,是用来配制一定体积标准溶液用的。在所标温度下,当溶液充满到标线时,瓶内液体的体积恰好与瓶上标出的体积相同。

1. 容量瓶使用前应先检查

(1) 瓶塞是否漏水。

(2) 标线位置距离瓶口是否太近,如果漏水或标线距瓶口太近,则不宜使用。检漏的方法是,加自来水至标线附近,塞好瓶塞后,一手用食指按住瓶塞,其余手指拿住瓶颈以上部分，另一手用指尖托住瓶底边缘，如图 2-12 所示，倒立 1～2 min，观察瓶塞周围是否有水渗出，如不漏水则可使用。

2. 容量瓶的洗涤

容量瓶的洗涤方法、原则与洗涤滴定管相同。洗净的容量瓶应为蒸馏水均匀润湿，不挂水珠，否则要重洗。

3. 用容量瓶配制溶液

先将固体物质用蒸馏水溶解在小烧杯中，然后将溶液转移入容量瓶中，定量转移时，烧杯口应紧靠伸入容量瓶的玻璃棒，使溶液沿玻璃棒和容量瓶内壁流入，如图 2-13 所示，溶液全部转移后，将玻璃棒和烧杯稍微向上提起，同时使烧杯直立，再将玻璃棒放回烧杯，切勿使溶液流至烧杯外壁引起损失。用洗瓶吹洗玻璃棒和烧杯内壁，如前将洗涤液转移至容量瓶中。如此反复多次，即完成定量转移。加蒸馏水至容量瓶容积的 3/4 时，再用滴管滴加蒸馏水至弯月面下缘与标线相切。盖好瓶塞，用食指压住瓶塞，用另一手的指尖托住瓶底边缘，将容量瓶倒转进行振动。如此反复多次，溶液即混匀。

图 2-12 容量瓶操作

热溶液应冷至室温后，才能转移入容量瓶中，否则会造成体积误差。

视频：容量瓶的清洗

三、移液管和吸量管

视频：移液管的清洗

移液管[图 2-14(a)]是用来准确移取一定体积的溶液，常用的移液管有 5 mL，10 mL，25 mL 和 50 mL 等规格。

视频：移液管定量移取溶液

视频：吸量管定量移取溶液

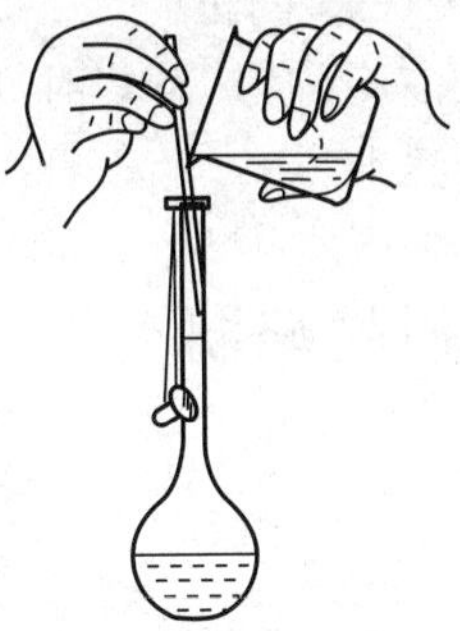

图 2-13 溶液的转移

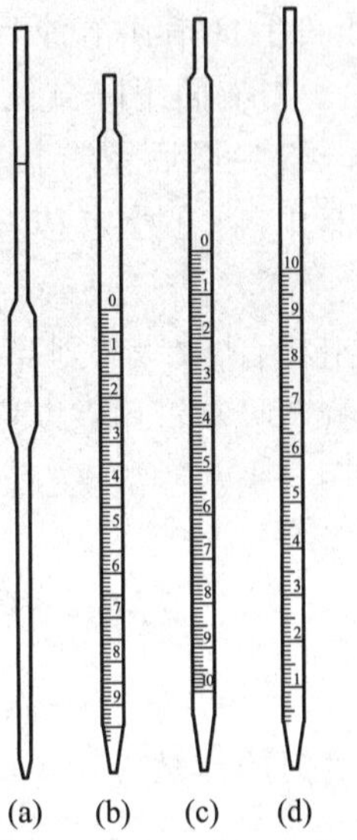

图 2-14 移液管和吸量管

吸量管[图 2-14(b)、(c)、(d)]一般用来量取小体积的溶液，其上带有分度，可用来吸取不同体积的溶液，常用的吸量管有 1 mL，2 mL，5 mL，10 mL 等规格。

1. 洗涤

移液管和吸量管在使用前应洗净，通常先用自来水冲洗一次，再用铬酸洗涤。以左手持洗耳球，将食指放在洗耳球上边，右手手指拿住移液管或吸量管标线以上的地方，将洗耳球下端小孔部分紧接在移液管口上。管尖贴在吸水纸上，用手挤捏洗耳球，吹去残留的水。然后排出洗耳球中空气，将移液管插入洗液瓶中，左手拇指慢慢松开，这时洗液缓缓吸入移液管球部或吸量管全管约 1/3 处，移去洗耳球，同时用右手食指按住管口，把管横过来，左手夹住管下端，开启右手食指边转边降低管口，使洗液布满全管，再将洗液放回原洗液瓶。然后用自来水冲洗干净，再用蒸馏水洗三次，洗涤方法同前。每次用水量，当水上升到移液管球部或吸量管 1/3 处即可，也可用洗瓶从上口进行吹洗，最后用洗瓶吹洗管的下部外壁。

2. 移取溶液

用吸水纸将下端的水除去，再用待吸溶液洗三次，每次将溶液吸至移液管球部即可。洗涤方法同上，将移液管直接插入待吸溶液下面 1～3 cm，将挤去空气的洗耳球下端小孔紧按在管口上，如上所述进行吸液。当液面上升到标线以上时，移去洗耳球，同时迅速用右手食指按住管口，左手改拿盛待吸液的容器。移液管向上提，使其离开液面，管的下端紧靠容器内壁，轻轻摆动以除去管外壁上的溶液。然后使容器倾斜约 45°，移液管垂直，此时稍微放松右手食指，使液面缓慢下降，直至溶液弯月面与标线相切，同时按紧食指，将移液管放入倾斜的接受容器，管尖紧贴容器内壁，移开右手食指让溶液自由地沿壁流下，如图 2-15所示。当液面下降到管尖时，再等 10 s 后取出移液管。管尖最后留有极少量溶液一般不能吹入接受容器中，因在检定移液管时，没把该部分溶液算进去。

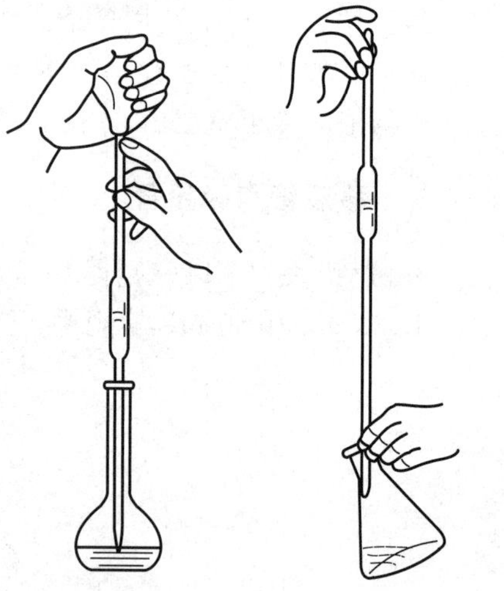

图 2-15　移液管的使用

若管上标有“吹”字，则当溶液下降到管尖后，从管口轻吹一下即可。

移液管和吸量管用完以后，应放在移液管架上或桌面安全地方，若短时间内不再用，则应立即用自来水冲洗，然后用蒸馏水清洗后放在移液管架上。

2.6　试剂的存放、取用和试剂的配制

一、试剂的存放

固体试剂一般存放在易于取用的广口瓶内，液体试剂则存放在细口的试剂瓶中。一些用量小而使用频繁的试剂，如指示剂、定性分析试剂等可盛装在滴瓶中，见光易分解的试剂(如$AgNO_3$，$KMnO_4$，饱和氯水等)应装在棕色瓶中。对于 H_2O_2，则通常存放在不透明的塑料瓶中，放置于阴凉的暗处。试剂瓶的瓶盖一般都是磨口的，但盛强碱性试剂(如 NaOH，KOH)及 Na_2SiO_3 溶液的瓶塞应换成橡胶塞，以免长期放置互相粘连。易腐

蚀玻璃的试剂(如氟化物等)应保存在塑料瓶中。

对于易燃、易爆、强腐蚀性、强氧化性及剧毒品的存放应特别注意,一般按要求需要分类单独存放。

盛装试剂的试剂瓶都应贴上标签,并写明试剂的名称、纯度、浓度和配制日期,标签外面应涂蜡或用透明胶带等保护。

二、试剂的取用

1. 固体试剂的取用

取用固体试剂一般使用牛角匙(还可用不锈钢药匙、塑料匙)。

牛角匙两端为大小两个匙,取用固体量大时用大匙,取用量少时用小匙。牛角匙使用时必须干净且专用。

要称取一定量固体试剂时,可将试剂放在干净的纸上(勿用滤纸)、表面皿等干燥洁净的玻璃容器或称量瓶内,根据要求在天平(托盘天平、1/100 g 天平或分析天平)上称量。具有腐蚀性或易潮解的试剂,在称量时不能放在纸上,应放在表面皿等玻璃容器内。

颗粒较大的固体应在研钵中研碎,研钵中所盛固体量不得超过容积的 1/3。

注意按规定量取药品,多取的不能倒回原处,只能放在另一指定的容器中备用。

2. 液体试剂的取用

(1) 从细口试剂瓶中取出试剂的方法　取下瓶塞,左手拿住容器(如量筒、试管等),右手握住试剂瓶(试剂瓶的标签应向着手心),倒出所需量的试剂,如图 2-16 所示。倒完后应将瓶口在容器内壁上靠一下(注意处理好“最后一滴试液”),再使瓶子竖直,以避免液滴沿试剂瓶外壁流下。

用大烧杯等大口容器取溶液时,可用洁净的玻璃棒,使玻璃棒的下端斜靠在烧杯中,将瓶口靠在玻璃棒上,让溶液沿着玻璃棒往下流,如图 2-17 所示。

(2) 从滴瓶中取用少量试剂的方法　先提起滴管,使管口离开液面,用手捏紧滴管上部的橡胶头排去空气,再把滴管伸入试剂瓶中吸取试剂。往试管滴加试剂时,只能把滴管尖头放在试管口的上方滴加,如图 2-18 所示,严禁将滴管伸入试管内。一个滴瓶上的滴管不能用来移取其他试剂瓶的试剂,也不能用自己的滴管伸入试剂瓶中去吸取试剂,以免污染试剂。

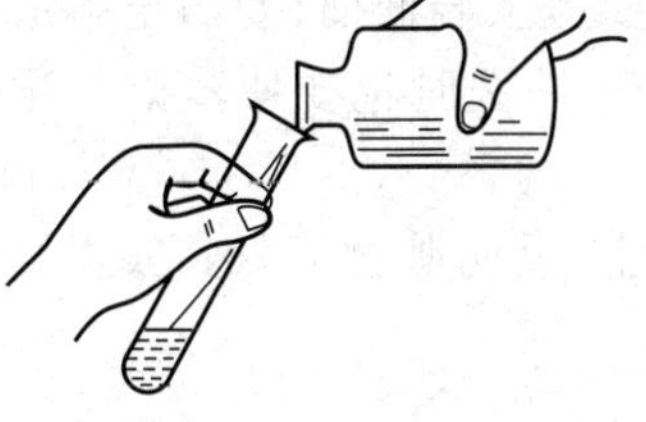

图 2-16　往试管倾倒试剂

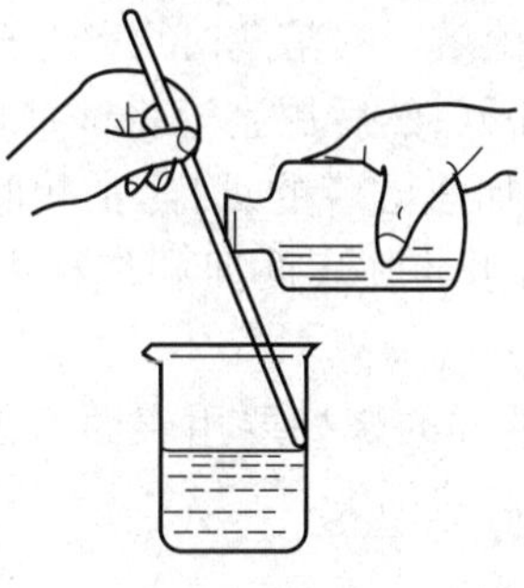

图 2-17　往烧杯倒入试剂

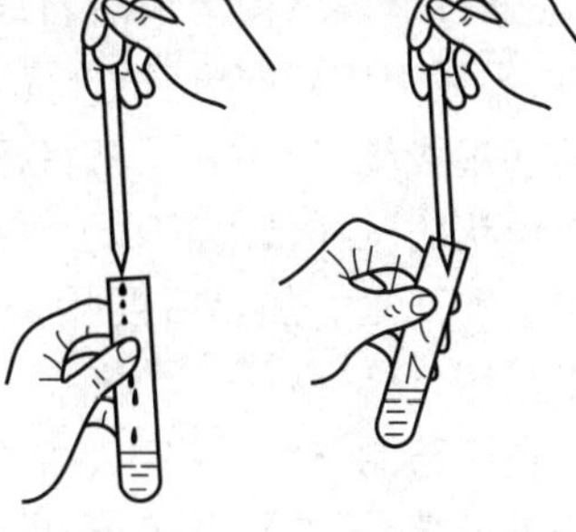

图 2-18　往试管滴加液体

定量取用液体试剂时,根据要求可选用量筒或移液管等。

小贴士

在取用试剂前，要核对标签，确认无误后才能取用。各种试剂瓶的瓶盖取下不能随意乱放，一般应倒立仰放在实验台上。取用试剂后要及时盖好瓶塞，切勿"张冠李戴"，并要将试剂瓶放回原处。

取用试剂要注意节约，多余的试剂不应倒回原试剂瓶内，有回收价值的，可放回回收瓶中。

取用具有挥发性的试剂，如浓 HCl、浓 HNO_3、溴等，应在通风橱中操作，防止污染室内空气。取用剧毒及强腐蚀性药品时要注意安全，不要碰到手上，以免发生伤害事件。

三、试剂的配制

根据配制试剂纯度和浓度的要求，选用不同级别的化学试剂并计算溶质的用量。配制饱和溶液时，所用溶质的量应稍多于计算量，加热使之溶解，冷却，待结晶析出后再用，这样可保证溶液饱和。

配制溶液时如有大量的溶解热产生，则配制溶液的操作一定要在烧杯中进行。

溶液配制过程中，加热和搅拌可加速溶解，但搅拌不宜太剧烈，不能使搅拌棒触及烧杯壁。配制易水解的盐溶液时，必须把试剂先溶解在相应的酸溶液[如 $SnCl_2$，$SbCl_3$，$Bi(NO_3)_3$等]或碱溶液(如 Na_2S 等)中以抑制水解。对于易氧化的低价金属盐类，不仅需要酸化溶液，而且应在该溶液中加入相应的纯金属，防止低价金属离子的氧化。

2.7 溶解、蒸发、结晶与干燥

一、固体的溶解

固体的颗粒较小时，可用适量的溶剂直接溶解。固体的颗粒较大时，先用研钵进行粉碎。固体的颗粒较大时不能用磨或敲击的方法粉碎，只能压碎。用溶剂溶解试样时，加入溶剂时，应先把烧杯适当倾斜，然后把量筒嘴靠近烧杯壁，让溶剂慢慢顺着烧杯壁流入；或通过玻璃棒使溶剂沿着玻璃棒慢慢流入，以防止杯内的溶液溅出而损失。溶剂加入后，用玻璃棒搅拌，使试样完全溶解。对溶解时会产生气体的试样，则应先用少量溶剂将其润湿成糊状，用表面皿将杯盖好，然后用滴管将试剂自杯嘴逐渐加入，以防生成的气体将粉状的试样带出。对于需要加热溶解的试样，加热时要盖上表面皿，要防止溶液剧烈沸腾和飞溅。加热后要用蒸馏水冲洗表面皿和烧杯内壁，冲洗时也要使蒸馏水顺壁流下。

在实验的整个过程中，盛放试样的烧杯要用表面皿盖上，以防脏物落入。放在烧杯中的玻璃棒，不要随意拿出，以免溶液损失。

二、蒸发(浓缩)

在无机物的提纯、制备过程中，通常需要将稀溶液进行蒸发、浓缩，以便获得结晶。

蒸发浓缩应视溶质的性质,可分别采用直接加热或水浴加热的方法进行。对于固态时有结晶水或低温受热易分解的物质,一般只能在水浴上进行溶液的蒸发浓缩。常用的蒸发容器是蒸发皿,蒸发皿内所盛溶液不应超过容积的 2/3,余下溶液可随时添加,一般浓缩到表面出现晶体膜时,停止加热,切不可蒸干,以使少量杂质留在母液中而除去。在蒸发过程中,必要时可适当搅拌以防爆溅。

三、结晶与干燥

结晶和重结晶都是使不纯物质通过结晶或重结晶而获得纯化的过程,是提纯固体物质的重要方法之一。当溶液蒸发到一定程度后,经冷却即有晶体析出。一般若溶液经蒸发不是太浓,同时冷却速度缓慢而不加搅拌,就会得到大的晶体;反之,若溶液较浓,在搅拌下急速冷却,则会得到细小的晶体。有些物质易出现比较稳定的过饱和状态,溶液中并无晶体析出,这时,需要加入少量该物质的晶体,作为晶种促使结晶。当结晶一次所得物质的纯度不合要求时,可以重新加入尽量少的溶剂溶解晶体,经蒸发后再进行结晶,即重结晶的过程。

结晶的干燥。通常将制得的晶体放在表面皿中置恒温箱中烘干(温度 110～120 ℃),也可直接放在石棉网上加热烘干。对于某些易失去结晶水的晶体,可以放在两层滤纸之间,用手轻压,由滤纸将水分吸干。

2.8　沉淀与过滤

一、沉淀与溶液的分离

视频：固液分离

在化合物制备或分析的过程中,经常要遇到固体沉淀与液体的分离问题。通常采用的固液分离的方法有倾滗法、过滤法和离心分离法。

1. 倾滗法

当固体沉淀的相对密度较大或晶体颗粒较大时,静置后能较快沉降至容器底部,可用倾滗法进行分离和洗涤。

如图 2-19 所示,倾滗法的操作是将玻璃棒横放在烧杯嘴,使上层清液沿着玻璃棒缓慢倾入另一个烧杯中,使沉淀与溶液分离。如需洗涤,应充分搅拌后再沉降,重复以上操作 2～3 遍,即可把沉淀洗净。

图 2-19　倾滗法

2. 过滤法

从溶液中将固体分离出来可用**常压过滤**和**减压过滤**。

(1) 常压过滤　此种方法是最为简便和常用的,使用玻璃漏斗和滤纸进行过滤。当沉淀物为胶体或细小晶体时,用此方法较好,但其缺点是过滤速度较慢。过滤时,首先用洁净的手将滤纸按图 2-20 所示,先对折,再对折并修剪成圆锥体,放入漏斗中,使滤纸与漏斗密合。如果滤纸与漏斗壁不十分密合,则稍稍改变滤纸的折叠角度,直至与漏斗密合为止。此时把三层厚滤纸的外层折角撕下一点,这样可以使该处内层滤纸更好地贴在漏斗壁上。注意漏斗边缘要比滤纸上边高出 0.5～1 cm。滤纸放入漏斗后,用手按住滤纸三层的一边，由洗瓶吹出细水流以湿润滤纸，然后轻轻压滤纸边缘，使滤纸锥体上部与漏斗之间没有空隙。安好后，在其中加水达到滤纸边缘，这时漏斗颈内应全部被水充满，形成水柱。若漏斗颈内不能形成水柱，则可以用手指堵住漏斗下口，稍稍掀起滤纸的一边，用洗瓶向滤纸与漏斗之间的空隙加水，直至漏斗颈及锥体的一部分全部被水充满，但必须把颈内的气泡全部排出。然后把纸边按紧，再放开手指，此时水柱形成。如果水柱仍不能保留，则滤纸与漏斗之间不密合。如果水柱虽然形成，但是其中有气泡，则滤纸与漏斗之间不密合，可以再将纸边按紧。水柱形成后，用纯水洗 2～3 次。将准备好的漏斗放在漏斗架上，漏斗位置的高度，以漏斗颈末端不接触滤液为度。漏斗必须放置端正，否则滤纸一边较高，在洗涤沉淀时，这部分较高的地方就不能经常被洗涤液浸没，从而滞留下一部分杂质。

视频：滤纸的叠放（玻璃漏斗）

视频：倾注法过滤

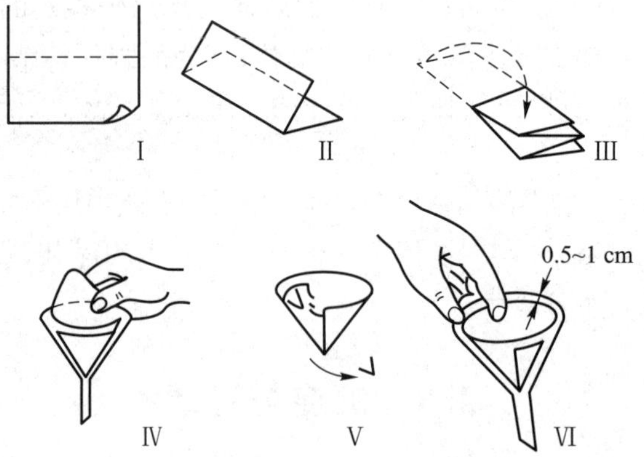

图 2-20　滤纸的折叠法

过滤时放在漏斗下面用以承接滤液的烧杯应该是洁净的，以防万一滤纸破裂或沉淀漏进滤液中，滤液还可以重新过滤。过滤时溶液最多加到滤纸边缘下 6 mm 的地方，如果液面过高，沉淀会因毛细作用而越过滤纸边缘。

过滤时漏斗的颈应贴着烧杯的内壁，使滤液沿杯壁流下，不致溅出。过滤过程中应经常注意勿使滤液淹没或触及漏斗末端。

过滤时，手持玻璃棒，让它直立在漏斗中的三层滤纸一边，但勿触及滤纸以免戳破滤纸。然后将烧杯口紧靠玻璃棒，将上层清液慢慢倒入漏斗中，如图 2-21 所示，每次倒入溶液的量不能超过滤纸的 2/3。倒毕，让烧杯嘴沿玻璃棒稍向上提起，再慢慢竖直，以免溶液流到烧杯外壁。倾注溶液完成后将玻璃棒放回烧杯。用洗瓶将 20～30 mL 洗涤液沿杯壁吹至沉淀上，搅拌沉淀，充分洗涤，待沉淀下沉后，再倾出上层清液，如此反复洗涤、过滤多次。洗涤的次数视沉淀的性质而定，一般晶形沉淀洗

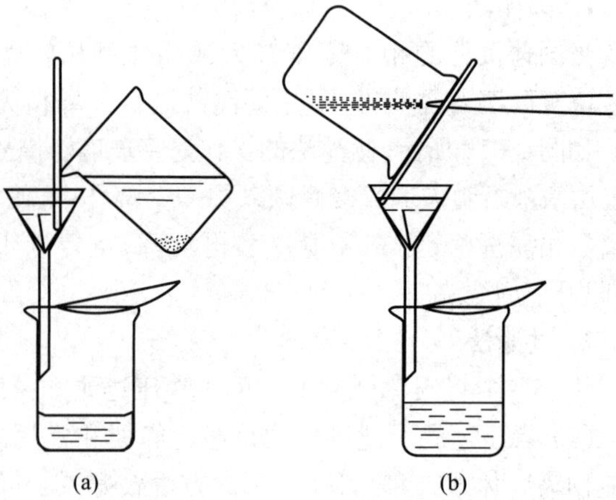

图 2-21　常压过滤

涤2～3次，胶状沉淀需洗涤5～6次。

为了将沉淀转移到滤纸上，先于盛有沉淀的烧杯中加入少量洗涤液并搅动，然后立即按上述方法将悬浮液转移到滤纸上，再自洗瓶中挤出洗涤液，把烧杯内壁和玻璃棒上的沉淀冲下，再次搅起沉淀，按上述方法把沉淀转移到滤纸上。这样重复几次，一般可以将沉淀全部转移到漏斗中的滤纸上。

接着需在滤纸上洗涤沉淀(图2-22)，以除去沉淀表面附着的杂质和残留的母液。洗涤的方法是自洗瓶中先挤出洗涤液，使其充满洗瓶的导出管，然后挤出洗涤液浇在滤纸的三层部分离边缘稍下的地方，再盘旋地自上而下洗涤。为了提高洗涤效率，每次使用少量洗涤液，洗后尽量沥干，然后再在漏斗上加洗涤液进行下一次洗涤，如此洗涤几次，直至符合实验要求。

(2) 减压过滤　减压过滤也称抽滤或真空过滤，此方法可加速过滤过程，并能使沉淀抽得较干燥。但需注意不宜用于过滤颗粒太小的沉淀和胶体沉淀。减压过滤的原理是由抽气管将抽滤瓶内的空气抽出，降低瓶内气压而促使过滤加速。

减压过滤操作过程如图2-23所示。用橡胶塞将布氏漏斗与抽滤瓶相连接，安装时布氏漏斗下端斜口应正对抽滤瓶的抽气支管，用耐压橡胶管把抽滤瓶与安全瓶连接上(为防止倒吸，在抽滤瓶和真空泵之间装一个安全瓶)，再与真空泵相连。

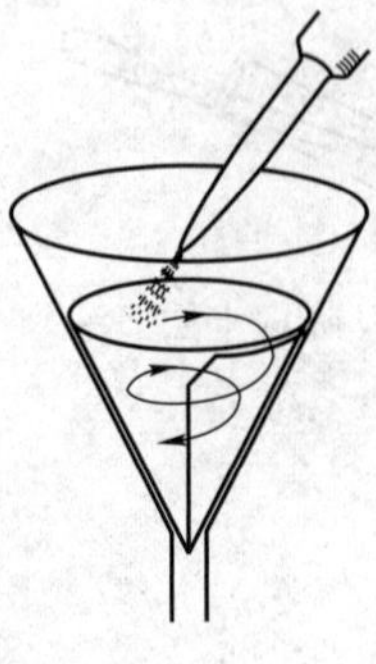

图2-22　沉淀的洗涤

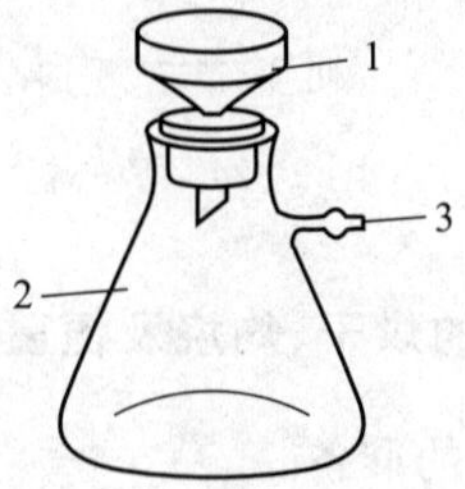

1—布氏漏斗；2—抽滤瓶；3—抽气支管

图2-23　减压过滤

视频：

沉淀的洗涤

过滤前，先剪好一张圆形滤纸，滤纸应比布氏漏斗内径略小，用少量水润湿滤纸，打开真空泵，减压使滤纸与布氏漏斗贴紧，然后开始抽滤。先用倾滗法将溶液沿玻璃棒倒入布氏漏斗中，加入量不要超过容积的2/3，最后将沉淀转移至布氏漏斗中。待抽至无液滴滴下时，停止抽滤。这时应先拔下连接抽滤瓶和真空管的橡胶管，再关闭抽气系统，防止倒吸。取下布氏漏斗倒扣在滤纸或表面皿上，用洗耳球吹布氏漏斗下口，使滤纸和沉淀脱离布氏漏斗，滤液则从抽滤瓶上口倾出，不能从支管倒出。

如沉淀需要洗涤，在停止抽气后，用尽可能少量干净的溶剂洗涤晶体，减少溶解损失。应边加溶剂，边用玻璃棒轻轻翻动，至所有晶体都被溶剂润湿为止。再进行抽气，一般洗涤1～2遍即可。

3. 离心分离法

当被分离的溶液和沉淀的量很少时，用一般的方法过滤会使沉淀粘在滤纸上难以取下，此时可用离心分离法代替过滤，本法分离速度快，而且有利于迅速判断沉淀是否完全。

离心分离是将待分离的沉淀和溶液装在离心试管中，然后放入离心机(图 2-24)中高速旋转，使沉淀集中在试管底部，上层为清液。通常使用电动离心机。离心操作时，将盛有待分离物的离心试管或小试管放入离心机的试管套内，在与之对称的另一管套内也放入盛有相等体积水的离心试管，以使离心机在旋转时内臂保持平衡，盖好离心机的盖子，然后缓慢启动离心机的调速钮，逐渐加速。当停止离心时，应使离心机自然停止转动，绝不能用手强制其停止。停机后，打开盖子，取出离心试管。注意，绝不能在离心机高速旋转时打开盖子，以免发生伤人事件。

离心分离后，用滴管轻轻吸取上层清液，使之与沉淀分离。(不能将滴管末端接触沉淀，如图 2-25 所示。)如需洗涤沉淀时，可将洗涤液滴入试管，用玻璃棒充分搅拌后，然后进行离心分离。如此反复洗涤 2～3 遍即可。如果检验是否洗净，其方法是将一滴洗涤液放在点滴板上，加入适当的试剂，检验是否还存在应分离出来的离子，决定是否还要进行洗涤。

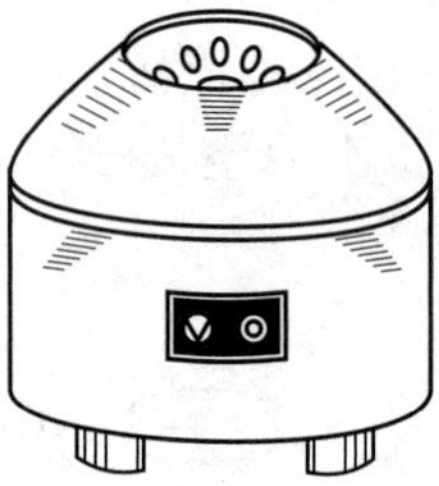

图 2-24　离心机

图 2-25　吸取上层清液

二、沉淀的烘干、灼烧及恒重

1. 瓷坩埚的准备

在定量分析中用滤纸过滤的沉淀，需在瓷坩埚中灼烧至恒重。因此要先准备好已知质量的坩埚。

将洗净的坩埚倾斜放在泥三角上，如图 2-26(a)所示，斜盖好盖子，用小火小心加热坩埚盖，如图 2-26(b)所示，使热空气流反射到坩埚内部将其烘干。稍冷，用硫酸亚铁铵溶液在坩埚和盖上编号，如图 2-26(c)所示灼烧至恒重。灼烧温度和时间应与灼烧沉淀时间相同。在灼烧过程中要用热坩埚钳慢慢转动坩埚数次，使其灼烧均匀。

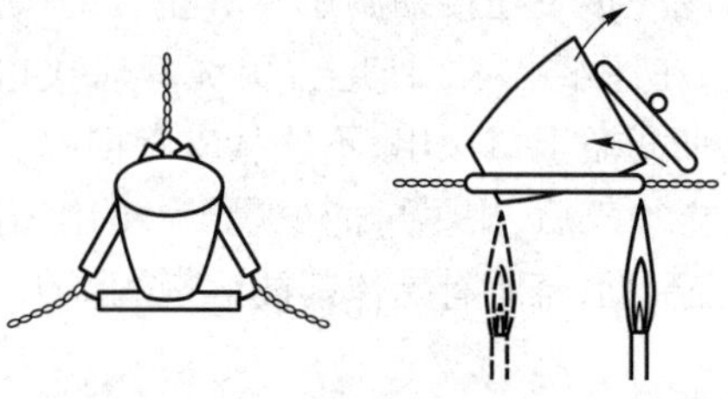

(a)　(b)　(c)

图 2-26　沉淀的烘干和灼烧

空坩埚第一次灼烧 30 min 后，停止加热，稍冷却，将热坩埚夹起，放在干燥器内冷却 45 min，然后称量。第二次再灼烧 15 min，冷却，称量，直至两次称量相差不超过 0.2 mg，即恒重。将恒重后坩埚放在干燥器中备用。

2. 沉淀的包裹

晶形沉淀一般体积较小，可按图 2－27 所示，用清洁的玻璃棒将滤纸的三层部分挑起，再用洗净的手将带沉淀的滤纸取出，打开成半圆形，自右边半径的 1/3 处向左折叠，再从上边向下折，然后自右向左卷成小卷，最后将滤纸放入已恒重的坩埚中，包卷层数较多的一面应朝上，以便于炭化和灰化。

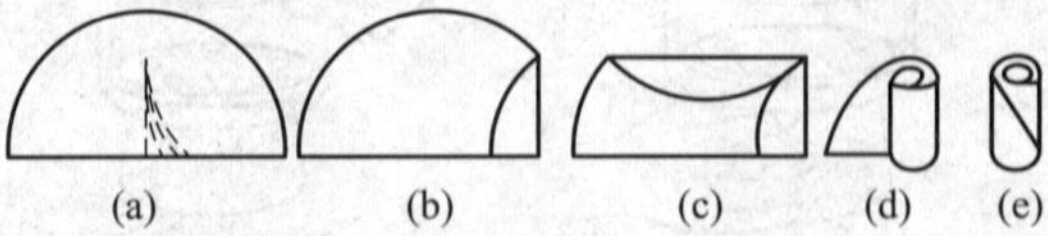

图 2－27　包裹沉淀方法之一

对于胶状沉淀，由于体积一般较大，不宜用上述包裹方法，而应用玻璃棒将滤纸边挑起（三层边先挑起），再向中间折叠（单层边先折叠），将沉淀全部盖住，如图 2－28 所示，再用玻璃棒将滤纸转移到恒重的瓷坩埚中（锥体的尖头朝上）。

图 2－28　无定形沉淀的包裹

3. 烘干、灼烧和恒重

将装有沉淀的坩埚放好，小心用小火把滤纸和沉淀烘干直至滤纸全部炭化。炭化时如果着火，可用坩埚盖盖住并停止加热使火焰熄灭，切不可吹灭，以免沉淀损失。炭化后，将灯移至坩埚底部，逐渐升高温度，使滤纸炭化。滤纸全部炭化后，沉淀在与灼烧空坩埚相同的条件下进行灼烧、冷却，直至恒重。

使用马弗炉煅烧沉淀时，可用上述方法灰化，然后，再将坩埚放入马弗炉烧至恒重。

4. 用玻璃砂滤坩埚减压过滤、烘干与恒重

只要经过烘干即可称量的沉淀通常用玻璃砂滤坩埚过滤。使用坩埚前先用稀 HCl、稀 HNO_3 或氨水等溶剂泡洗（不能用去污粉以免堵塞空隙），然后通过橡胶垫圈与抽滤瓶连上，并接通抽气泵，先后用自来水和蒸馏水抽洗。洗净的坩埚在烘干沉淀的条件下烘干，然后放在干燥器中冷却约 30 min，称量。重复烘干、冷却、称重，直至两次称量质量的差不大于 0.2 mg。

用玻璃砂滤坩埚过滤沉淀时，把经过恒重的坩埚装在抽滤瓶上，先用倾滗法过滤。经初步洗涤后，把沉淀全部转移到坩埚中，再将烧杯和沉淀用洗涤液洗净后，把装有沉淀的坩埚置于烘箱中，在与空坩埚相同的条件下烘干、冷却、称量，直至恒重。

2.9　干燥器的使用

有些易吸水潮解的固体或灼烧后的坩埚等应放在干燥器内，以防吸收空气中水分。

干燥器是一种有磨口盖子的厚质玻璃器皿，磨口上涂有一层薄薄的凡士林，以防水汽进入，并能很好地密合。干燥器的底部装有干燥剂（变色硅胶、无水氯化钙等），中间放置一块干净的带孔瓷板，用来承接被干燥物品。打开干燥器时，应左手按住干燥器，右手按住盖子的圆顶，向左前方(或向右)推开盖子，如图 2-29(a)所示。温度很高的物体(如灼烧过恒重的坩埚等)放入干燥器时，不能将盖子完全盖严，应该留一条很小的缝隙，待冷却后再盖严，否则易被内部热空气冲开而将盖子打碎，或者由于冷却后的负压使盖子难以打开。搬动干燥器时，应用两手的拇指同时按住盖子，以防盖子因滑落而打碎，如图 2-29(b)所示。

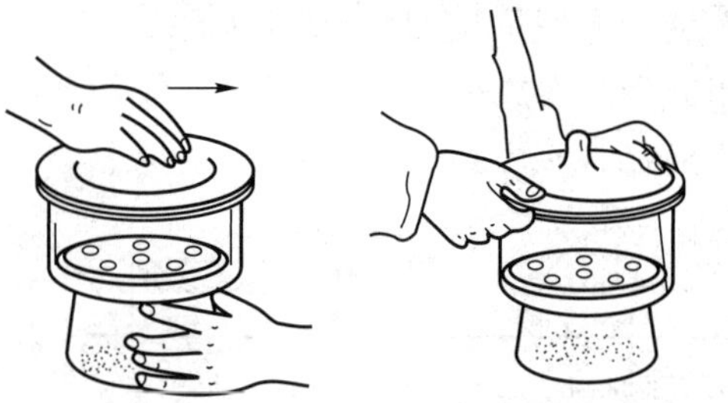

(a) 开启方法　　(b) 搬动方法

图 2-29　干燥器的开启和搬动

动画：玻璃干燥器的使用

小贴士

使用干燥器时应注意：干燥器应时刻保持清洁，不得存放潮湿的物品；干燥器只在存放或取出物品时打开，物品取出或放入后，应立即盖上；放在底部的干燥剂，不能高于底部高度的1/2处，以防玷污存放的物品。干燥剂失效后，要及时更换。

2.10　试纸的使用

一、pH 试纸

常用 pH 试纸来检验溶液的酸碱性。将小块试纸放在干燥清洁的点滴板上，再用玻璃棒蘸取待测的溶液，滴在试纸上，观察试纸的颜色变化(不能将试纸投入溶液中检验)，将试纸呈现的颜色与标准板的颜色对比，可以知道溶液的 pH。

pH 试纸一般分为广范试纸和精密试纸两种，广范试纸只能粗略测定溶液的 pH(整数值)，精密 pH 试纸在酸碱度变化较小的情况下就有颜色变化，所以能较精确地测定溶液的 pH。

二、醋酸铅试纸

醋酸铅试纸用于检验反应中有无 H_2S 气体产生。H_2S 遇醋酸铅即有黑色的 PbS 生成，使试纸呈黑色并有金属光泽。使用时，将一小块试纸用蒸馏水润湿后粘贴在玻璃棒的一端，靠近试管口上方，观察颜色变化。如果逸出气体较少，也可将试纸伸进试管口内或盖在管口上(切勿碰到试管内壁与溶液直接接触)，若有 H_2S 气体产生，则试纸上应呈现一片均匀的黑褐色。

三、碘化钾-淀粉试纸

碘化钾-淀粉试纸用于检验反应中产生的氧化性气体如 Cl_2，Br_2 等，使用方法与醋酸铅试纸相同，当与氧化性气体相遇时，KI 被氧化而析出游离碘，碘与淀粉作用显出蓝紫色。

2.11　天平的使用

台秤和分析天平是化学实验不可缺少的重要称量仪器。但是，在各种不同化学实验中，由于对质量准确度的要求不同，需要使用不同类型的天平进行称量。常用的天平种类很多，尽管它们在结构上各有差异，但都是根据杠杆原理设计而制成的。

视频：台秤的使用

一、台秤

台秤用于粗略的称量。能迅速地称量物体的质量，但精确度不高。一般能称准至 0.1 g。

1. 台秤及其构造

台秤(图 2-30)的横梁架在台秤座上。横梁的左右有两个托盘。横梁的中部有指针与刻度盘相对，根据指针在刻度盘左右摆动情况，可以看出台秤是否处于平衡状态。

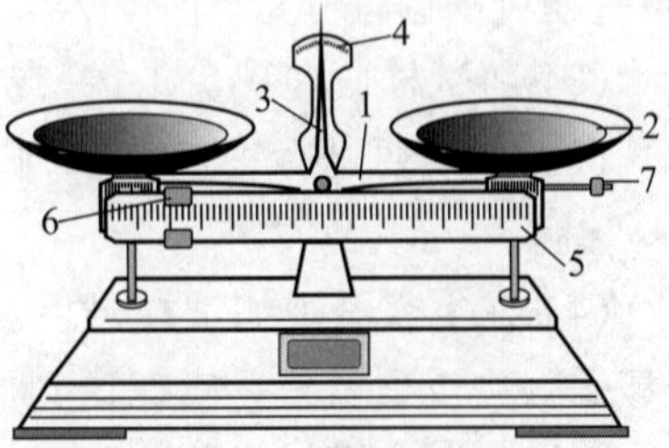

1—横梁；2—托盘；3—指针；4—刻度盘；5—游码标尺；6—游码；7—平衡调节螺丝

图 2-30　台秤

2. 称量

在称量物体之前，要先调整台秤的零点。游码拨到游码标尺的“0”位处，检查台秤的指针是否停在刻度盘的中间位置。如果不在中间位置，可调节台秤托盘下侧的平衡调节螺丝，使指针在离刻度盘的中间位置左右摆动大致相等时，则台秤即处于平衡状态，此时指针即能在刻度盘的中间位置，将此中间位置称为台秤的零点。

称量物体时，左托盘放待称量物，右托盘放砝码。砝码用镊子夹取，10 g 或 5 g 以下的质量，可移动游码标尺上的游码。当添加砝码到台秤的指针停在刻度盘的中间位置时，台秤处于平衡状态，此时指针所停的位置称为停点。零点与停点相符时(零点与停点之间允许偏差 1 小格以内)，砝码的质量就是待称量物的质量。

3. 称量时注意点

不能称量热的物品；称量物不能直接放在托盘上，根据情况决定称量物放在纸上、表面皿或其他容器中；称量完毕，应将砝码放回砝码盘中，将游码拨到“0”位处，并将托盘放在一侧，或用橡胶圈架起，以免台秤摆动；保持台秤整洁。

二、电子天平

目前许多实验室均采用电子天平，它称量准确，方便而且迅速。电子天平的型号很多，目前运用最广泛的是梅特勒-托利多(METTLER TOLEDO)电子分析天平(图 2-31)。按

视频：

电子天平的水平调节

视频：

电子天平的使用

其最大称量能力(Max)、可读性(d)、最小称量(Min)、检验刻度(e)分成各种型号。但外壳、操作键和显示屏及称量程序基本相同。称量程序如下：

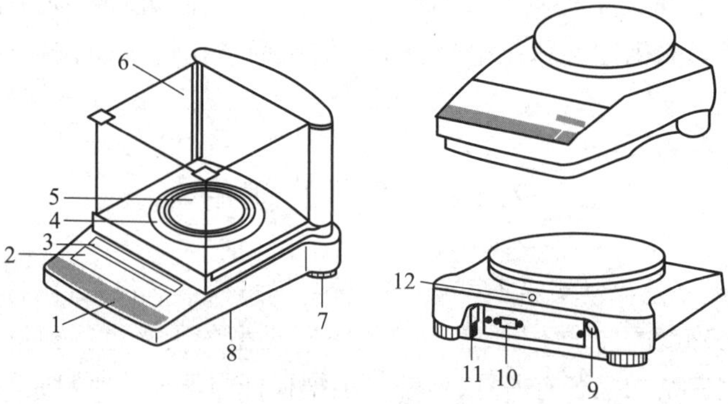

1—操作键；2—显示屏；3—型号标牌(有 Max,d,Min,e 数据)；4—挡风圈；5—秤盘；6—防风罩；7—水平调节脚；8—下挂称量方式的下秤钩；9—交流电源插头；10—RS232C 接口；11—防盗锁连接片；12—水平泡

图 2-31　电子天平

(1) 让秤盘空载并单击“on”键，天平显示自检过程(包括闪现所有字段等)，当天平回零后，就可以进行称量。

(2) 将试样放在秤盘上，等待直到稳定指示符“0”消失，读取称量结果。

(3) 如果要进行去皮称量，则将空容器放在天平秤盘上，显示其质量后，单击“→0/T←”键。

(4) 在空容器中加试样，显示净重值。如果将容器从天平上移去，去皮质量值会以负值显示。去皮质量值一直保留到再次按“→0/T←”键或天平关机。

(5) 按住“off”键直到出现“off”字样，松开该键。

三、试样的称取方法

用电子天平称取试样，一般采取两次称量法，即试样的质量是由两次称量之差而得出的。若电子天平能称准至 0.000 1 g，两次称量的最大误差为 0.000 2 g；若称量物的质量大于 0.2 g，则称量的相对误差小于 ±0.1%。称量时包含天平误差和砝码误差，当两次称量值相减时，误差可以大部分抵消，使称量结果准确可靠。常用的两次称量法有固定质量称量法和差减称量法。

(1) 固定质量称量法　此法适用于称量在空气中没有吸湿性的试样，如金属、矿石、合金等。先称出器皿的质量，然后用牛角勺将试样慢慢加入器皿中，当试样质量与指定的质量相差不到10 mg时，极小心地将盛有试样的牛角勺伸向器皿中心上方 2～3 cm 处，牛角勺的另一端顶在掌心上，用拇指、中指及掌心拿稳牛角勺，并以食指轻弹勺柄，将试样慢慢地抖入器皿中，如图2-32所示，待天平显示的质量数字达到所需要求时停止。此步操作必须十分仔细，若不慎多加了试样，只能关闭天平，用牛角勺取出多余的试样，再重复上述操作直到合乎要求为止。

(2) 差减称量法　此法不必固定某一质量，只需确定称量范围，常用于吸水、易氧化或易与二氧化碳起反应的物质。称取试样时，先将盛有试样的称量瓶置于天平盘上准确称量。然后，用左手以纸条套住称量瓶，将它从天平盘上取下，举在要放试样的容器上方，右手用小纸片夹住瓶盖柄，打开瓶盖，将称量瓶一边慢慢地向下倾斜，一边用瓶盖轻轻敲击瓶口，使试样慢慢落入容器内，注意不要撒在容器外，如图 2-33 所示。当倾出的试样接近所要称取的质量时，将称量瓶慢慢竖起，再用称量瓶盖轻轻敲一下瓶口侧面，使黏附在瓶口上的试样落入瓶内，再盖好瓶盖。然后，将称量瓶放回天平盘上称量，两次称得质量之差即为试样的质量。按上述方法可连续称取几份试样。

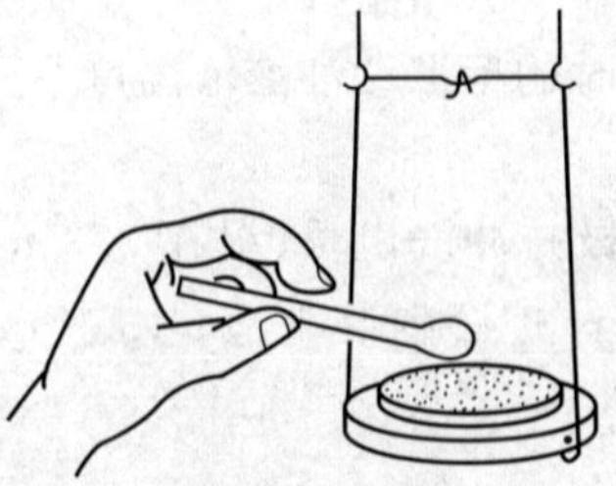

图 2-32　将试样抖入器皿中

图 2-33　试样敲出的方法

2.12　酸度计的使用

酸度计(pH 计)是一种通过测量浸在水溶液中一对电极之间的电势差，测得该溶液 pH 的仪器，一般 pH 计是由测量电极(玻璃电极)、参比电极(银-氯化银电极)和电位计组成，有的是由复合电极和电位计组成。复合电极即将测量电极和参比电极合成一支电极，比分立电极具有测量更方便、响应更快的特点。所以现在很多酸度计采用复合电极测 pH。

在此介绍精密数显酸度计和 Sartorius 的 PB—10 普及型酸度计。

视频：

pH 计的使用与校准

一、精密数显酸度计

精密数显酸度计是由转换放大器和测定电极组成。利用电极对待测溶液中不同的酸度产生不同的直流电势，通过电路 A/D 转换器，将被测直流电势换成数字直接显示出 pH，所以，本仪器具有使用简便、快捷的特点，仪器如图 2-34 所示。

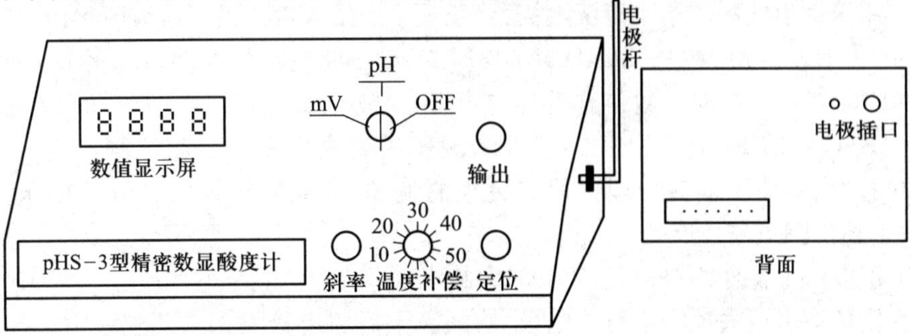

图 2-34　pHS—3 型精密数显酸度计

操作步骤：

(1) 测定待测溶液温度，将仪器上的温度补偿旋钮拨至待测溶液温度，斜率定在最右端。

(2) 将电极固定在电极夹上，并将电极插头插入电极插口，要求接触牢靠。

(3) 插上电源，将仪器上的电源开关由“OFF”拨至“pH”，此时数值显示屏即亮。

(4) 定位。将电极轻轻插入已知 pH 的标准缓冲溶液中，1 min 后，旋动定位旋钮，使数值显示屏上显示值等于该已知标准缓冲溶液的 pH。

视频：

pH 的测量

(5) 测量。电极从一种溶液中取出后，应用蒸馏水冲洗，用滤纸条吸干电极上的水，才能再插入待测溶液中。如果待测溶液的温度与标定时的标准缓冲溶液温度一致，此时仪器的显示值即为待测溶液的 pH。重复测定一次。

测定完毕，拆下复合电极，插上短路插口，移走电极并冲洗电极，浸在 3.3 $mol \cdot L^{-1}$ KCl 溶液中备用。若较长时间不测量，将电极的塑料保护套内装上适量 3.3 $mol \cdot L^{-1}$ KCl 溶液，然后将电极插入保护套保存。

二、普及型酸度计(Sartorius PB—10)

仪器如图 2-35 所示。

操作步骤：

(1) 接通电源。

(2) 按 pH/mV 键设置 pH 模式。

(3) 按“SETUP”键，显示屏显示“Clear buffer”，按“ENTER”键确认，清除以前的校准数据。

(4) 按“SETUP”键，直至显示屏显示缓冲溶液组“1.68，4.01，6.86，9.18，12.46”或所要求的其他缓冲溶液组，按“ENTER”键确认。

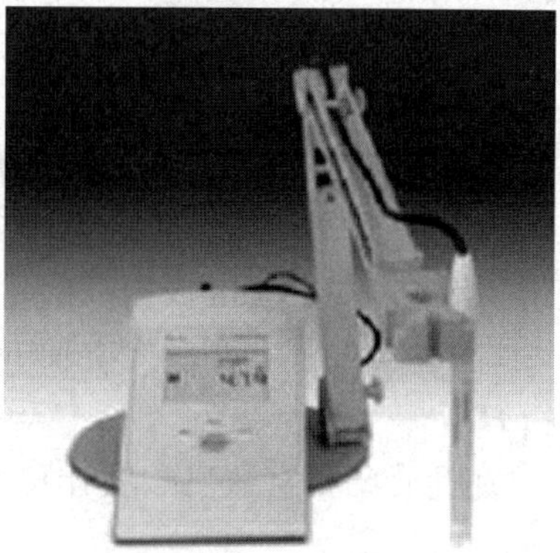

图 2-35　普及型酸度计
(Sartorius PB—10)

(5) 将复合电极用蒸馏水或去离子水清洗，滤纸吸干后浸入第一缓冲溶液(6.86)，等到数值达到稳定并出现“S”时，按“STANDARDIZE”键，仪器将自动校准，如果校准时间较长，可按“ENTER”键手动校准。作为第一校准点数值被存储，显示“6.86”。

(6) 用蒸馏水或去离子水清洗电极，滤纸吸干后浸入第二缓冲溶液(4.01)，等到数值达到稳定并出现“S”时，按“STANDARDIZE”键，仪器将自动校准，如果校准时间较长，可按“ENTER”键手动校准。数值作为第二校准点被存储，显示(4.01，6.86)和信息“% Slope ×× Good Electrode”，“××”显示测量的电极斜率值。如该测量值为 90%～105%，可接受，如该测量值与理论值有更大的偏差，将显示错误信息(Err)。电极应清洗，并按上述步骤重新校准。

(7) 重复以上操作，完成第三点(9.18)校准。

(8) 用蒸馏水或去离子水清洗电极，滤纸吸干后将电极浸入待测溶液中。等到数值达到稳定，出现“S”时，即可读取测量值。

(9) 测量完成后，电极用蒸馏水或去离子水清洗后，浸入 3 $mol \cdot L^{-1}$ KCl 溶液中保存。

(10) 不用时拔下变压器,待机或关闭总电源,以保护仪器。

2.13 分光光度计的使用

分光光度法测定的理论依据朗伯-比尔定律:当一束平行单色光通过单一、均匀、非散射的吸光物质溶液时,溶液的吸光度与溶液的浓度及液层厚度的乘积成正比。如果固定比色皿厚度,测定有色溶液的吸光度,则溶液的吸光度与浓度之间有简单的线性关系,可根据相对测量的原理,用标准曲线法进行定量分析。分光光度计有各种类型,这里介绍 2100 型可见分光光度计和普析 T6 紫外-可见分光光度计(见图 2-36)的操作步骤。

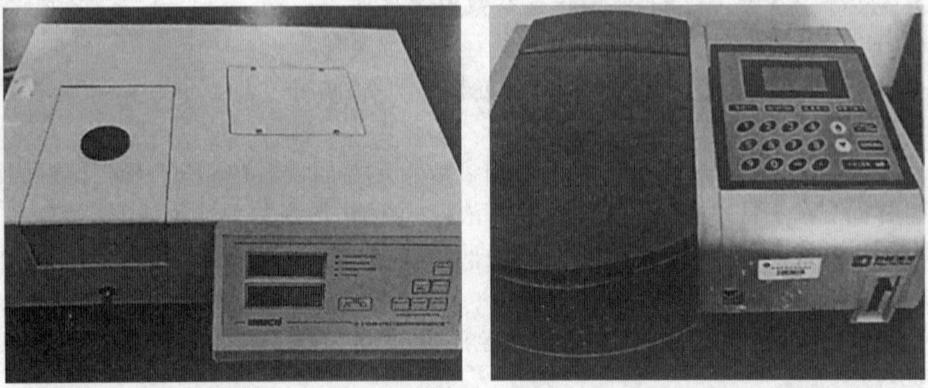

(a) 2100型可见分光光度计　　(b) 普析T6紫外-可见分光光度计

图 2-36　分光光度计

一、2100 型可见分光光度计

操作步骤如下:

1. 开启电源开关,打开吸收池箱盖,仪器预热 30 min。

2. 将盛有空白溶液的比色皿放入比色皿架的第一格内,盛有待测溶液的比色皿依次放入其他格内。

3. 调节波长:盖上吸收池箱盖,光门打开,空白溶液正好在光路上,按“MODE”键,使“ABSORBANCE”灯亮,表明测定的是吸光度。按“WAVELENGTH”的“↑”“↓”键,调节到所需要的测量波长。

4. 调零:按“$\frac{0\text{ABS}}{100\%T}$”,出现“0.000”。

5. 测量:拉出吸收池架,使待测溶液进入光路,即可读出溶液吸光度值。依次拉出吸收池架,直至 3 个待测溶液测量值全部读数。如还有待测溶液需要测量,则更换 2~4 格的待测溶液,空白溶液不可倒掉,推进吸收池架,再用空白溶液调零,然后再依次拉出吸收池架进行测量。直到所有待测溶液测定完,才可倒掉空白溶液。注意:如需更换波长,则必须重新调零。

6. 测量完毕，关闭电源，取出比色皿，清洗干净，浸泡于蒸馏水中。如长期不用，则晾干后，存放于专用盒内。

二、普析 T6 紫外-可见分光光度计

操作步骤如下：

1. 开机自检：打开仪器主机电源，仪器开始初始化，约 3 min 后初始化完成，仪器进入主菜单。

2. 进入光度测量状态：按“ENTER”键进入光度测量界面。

3. 进入测量界面：按“START/STOP”键进入试样测量界面。

4. 设置测量波长：按“GOTO λ”键输入测量波长，按“ENTER”键确认，仪器将自动调节波长。

5. 进入设置参数：按“SET”键进入参数设定界面，按“▼”键使光标移动到“试样设定”，按“ENTER”键确认，进入设定界面。

6. 设定试样样品池个数：按“▼”键使光标移动到“使用样池数”，按“ENTER”键循环选择需要使用的试样池个数。

7. 试样测量：按“RETURN”键返回到参数设定界面，再按“RETURN”键返回到光度测量界面。在 1 号试样池内放入空白溶液，2 号试样池内放入待测试样(如有多个试样，则依次放入各试样池)。关闭好试样池盖，按“ZERO”键进行空白校正，再按“START/STOP”键进行试样测量。

(1) 如还需测量其他试样，则取出比色皿，更换为其他试样，按“START/STOP”键即可读数。

(2) 如需更换波长，可直接按“GOTO λ”键调整波长。注意更换波长后必须重新按“ZERO”键进行空白校正。如果每次使用的比色皿数量是固定个数，下一次使用仪器可以跳过第 5、6 步骤直接进入试样测量。

8. 结束测量：测量完成后按“PRINT”键打印数据。如果没有打印机，则需记录数据。退出程序或关闭仪器后测量数据将消失。从试样池中取出所有比色皿，清洗干净以便下一次使用。按“RETURN”键直接返回到仪器主菜单界面后再关闭仪器电源。

第三部分　无机及分析化学实验

3.1　基本操作实验

实验1　天平的称量练习

视频：
减量法称量

一、实验目的

1. 了解天平的基本构造，学习正确的称量方法。
2. 初步掌握直接法和减量法的称样方法。
3. 了解在称量中如何运用有效数字。

二、实验用品

电子天平、台秤、小烧杯(25 mL 或 50 mL)3 只、称量瓶 1 只、表面皿、试样(铜片)。

三、实验步骤

1. 直接法称量

先在台秤上粗称表面皿和已编号的铜片的质量，再将表面皿放在电子天平上准确称出其质量，然后将铜片放在表面皿上称出两者的总质量。

2. 减量法称量

(1) 准备 2 只洁净、干燥的小烧杯，编号后在电子天平上分别准确称其质量($m_{杯1}$和$m_{杯2}$)。称量后从电子天平中取出小烧杯时，要用小纸条套住小烧杯，手指不能直接接触小烧杯。

(2) 取一只装有试样的称量瓶，在电子天平上准确称其质量(m_1)。然后自天平中取出称量瓶，在第一只小烧杯的上方，用右手隔着小纸片将称量瓶瓶盖打开，慢慢将瓶口稍向下倾斜，用瓶盖轻敲瓶口，使试样落入小烧杯中。当落入小烧杯中的试样接近所需量时，慢慢将称量瓶竖起，同时用瓶盖轻敲瓶口，使附在瓶口的试样落入小烧杯或称量瓶内。然后盖好瓶盖，再准确称量(m_2)，m_1-m_2 即为取出的第一份试样的质量。用同样的方法转移第二份试样于第二只小烧杯中，准确称出转移第二份试样后称量瓶(内有剩余试样)的质量(m_3)，则取出的第二份试样的质量为 m_2-m_3。用同样的方法称取第三份试样于第三只小烧杯中。

(3) 分别称出 3 只“小烧杯＋试样”的质量，分别记为m_5、m_6和m_7。

(4) 结果的检验：

① 检查 m_1-m_2 是否等于第一只小烧杯中增加的质量；m_2-m_3 是否等于第二只小烧杯中增加的质量；m_3-m_4 是否等于第三只小烧杯中增加的质量。求出差值，要求称量的绝对差值小于 0.5 mg。

② 再检查倒入小烧杯中的三份试样的质量是否合乎要求(即 0.2～0.4 g)；如不符合要求，分析原因并重新称量。

四、数据记录与处理

将称量数据记录在下列表格中。

1. 直接法称量

记录项目	Ⅰ	Ⅱ	Ⅲ
表面皿质量/g			
(表面皿＋铜片)质量/g			
铜片质量/g			

2. 减量法称量

记录项目	Ⅰ	Ⅱ	Ⅲ
倾出试样前(称量瓶＋试样)质量/g	$m_1=$	$m_2=$	$m_3=$
倾出试样后(称量瓶＋试样)质量/g	$m_2=$	$m_3=$	$m_4=$
倾出试样质量/g	$m_1-m_2=$	$m_2-m_3=$	$m_3-m_4=$
(烧杯＋试样)质量/g	$m_5=$	$m_6=$	$m_7=$
烧杯质量/g	$m_{杯1}=$	$m_{杯2}=$	$m_{杯3}=$
称出试样质量/g			
绝对差值/g			

五、思考题

1. 为什么每次称量前都要测定零点？零点是否一定要在“0.0”处？若不在“0.0”处，应如何处理最后读数？

2. 使用称量瓶时，如何操作才能保证试样不被损失？

【预习指导】

实验前请认真阅读“2.11　天平的使用”中的有关内容，并参照本实验“数据记录与处理”的格式在实验记录本上列表，以便称量时记录。

实验 2 滴定分析仪器的使用练习和容量器皿的校准

一、实验目的

1. 掌握滴定管、容量瓶、移液管的使用方法。
2. 了解滴定管、容量瓶、移液管的校准方法及容量器皿校准的意义。
3. 巩固练习分析天平的称量。

二、实验原理

容量器皿的实际容积与它所标示的往往不完全相符，因此，在准确性要求较高的分析工作中，使用前必须进行容量器皿的校准。

在实际工作中，容量瓶和移液管常常是配合使用的。例如，要用 25 mL 移液管从 250 mL 容量瓶中量取 1/10 容积的溶液。则移液管与容量瓶的容积比只要 1∶10 就行了。因此，只要求两溶液间有一定的比例关系。这时，可采用相对校准的方法。

滴定管、容量瓶、移液管的实际体积，可采用称量法校准。其原理是称量量器中所放出或所容纳的水的质量，并根据该温度下水的密度，计算出该量器在 20 ℃(通常以 20 ℃为标准温度)时的容积。但是由质量换算成容积时必须考虑三个因素：① 温度对水密度的影响；② 空气浮力对称量所得水的质量的影响；③ 温度对玻璃容器的容积的影响。

为了方便起见，把上述三个因素综合校准后得到的不同温度下纯水的密度值列成表(表 3-1)，根据表中的数值，便可以计算某一温度下，一定质量的纯水所占的实际容积。例如，在 15 ℃校准滴定管时，称得纯水质量为 9.97 g，查表 3-1 得 15 ℃时水的密度(已作校准)ρ'_t 为 0.997 92 g/cm³，它的实际容积为

表 3-1 在不同温度下纯水的密度 ρ_t 和 ρ'_t(校正后)值

温度/℃	$\rho_t/(g\cdot cm^{-3})$	$\rho'_t/(g\cdot cm^{-3})$	温度/℃	$\rho_t/(g\cdot cm^{-3})$	$\rho'_t/(g\cdot cm^{-3})$
5	0.999 96	0.998 53	18	0.998 60	0.997 49
6	0.999 94	0.998 53	19	0.998 41	0.997 33
7	0.999 90	0.998 52	20	0.998 21	0.997 15
8	0.999 85	0.998 49	21	0.997 99	0.996 95
9	0.999 78	0.998 45	22	0.997 77	0.996 76
10	0.999 70	0.998 37	23	0.997 54	0.996 55
11	0.999 61	0.998 33	24	0.997 36	0.996 34
12	0.999 50	0.998 24	25	0.997 05	0.996 12
13	0.999 38	0.998 15	26	0.996 79	0.995 88
14	0.999 25	0.998 04	27	0.996 52	0.995 66
15	0.999 10	0.997 92	28	0.996 24	0.995 39
16	0.999 84	0.997 78	29	0.995 95	0.995 12
17	0.998 78	0.997 64	30	0.995 65	0.994 85

$$\frac{9.97\ g}{0.997\ 92\ g/cm^3}=9.99\ cm^3=9.99\ mL$$

同理,移液管、容量瓶的实际容积也可应用上述方法进行容积的校准。

三、实验用品

1. 仪器

电子天平、滴定管(50 mL)1 支、移液管(25 mL)、容量瓶(250 mL)、烧杯(150 mL)。

2. 材料

透明胶带纸、洗耳球。

四、实验步骤

(一) 滴定管、容量瓶、移液管的使用练习

1. 清洗仪器

根据仪器的玷污程度,酌情选用洗涤剂清洗滴定管、容量瓶、吸管。

2. 滴定管的使用练习

试漏→装溶液(以水代替)→赶气泡→调零→滴定(控制液滴大小和滴定速度)→读数

3. 容量瓶的使用练习

试漏→转移溶液(以水代替)→稀释→平摇→稀释→调液面→摇匀

4. 移液管的使用练习

(1) 10 mL 移液管

润洗→吸液(以容量瓶中的水代替)→调液面→放液(按不同刻度把溶液放至锥形瓶中)

(2) 25 mL 移液管

润洗→吸液(以容量瓶中的水代替)→调液面→放液

(二) 容量器皿的校准

1. 滴定管的校准

将具塞的 50 mL 锥形瓶洗净,外部擦干(为什么?),在天平上称出其质量(称准至 mg 级)(为什么?)。

在洗净的滴定管中,装满纯水,调节至 0.00 刻度,记下读数,按正确的操作,以每分钟不超过 10 mL 的流速,放出 10 mL 水于已称量的锥形瓶中,盖紧塞子,称出“瓶+水”的质量,与空瓶质量之差即为放出水的质量。同样方法称量滴定管从 10 mL 到 20 mL, 20 mL 到 30 mL,…刻度间的水的质量,用实验温度时 1 mL 纯水的质量来除每次所得到的水的质量,即能求得滴定管各部分的实际容积。

重复校准一次。两次相应的校准值之差应小于 0.02 mL,求出其平均值。

2. 容量瓶、移液管的相对校准

取清洁、干燥的 250 mL 容量瓶 1 只,用 25 mL 移液管准确移取纯水 10 次,放入容量瓶中。观察水的弯月面是否正好与标线相切,否则,应另作记号。经过这样相对校准后的容量瓶和移液管,便可以较好地配套使用。

五、数据记录与处理

记录项目	Ⅰ	Ⅱ
锥形瓶质量/g	$m_1=$	
(锥形瓶＋10 mL 水)质量/g	$m_2=$	
10 mL 水质量/g	$m_2-m_1=$	
0～10 mL 段滴定管体积	$V_1=$	
(锥形瓶＋20 mL 水)质量/g	$m_3=$	
10 mL 水质量/g	$m_3-m_2=$	
10～20 mL 段滴定管体积	$V_2=$	
(锥形瓶＋30 mL 水)质量/g	$m_4=$	
10 mL 水质量/g	$m_4-m_3=$	
20～30 mL 段滴定管体积	$V_3=$	
(锥形瓶＋40 mL 水)质量/g	$m_5=$	
10 mL 水质量/g	$m_5-m_4=$	
30～40 mL 段滴定管体积	$V_4=$	
(锥形瓶＋50 mL 水)质量/g	$m_6=$	
10 mL 水质量/g	$m_6-m_5=$	
40～50 mL 段滴定管体积	$V_5=$	

六、思考题

1. 滴定分析仪器是否洗净,应该怎样检查?如没有洗净,会产生什么影响?
2. 滴定管下端存在气泡有何影响?怎样除去?
3. 移液管操作时应注意什么?为什么放完液体后要停留一定的时间?
4. 容量瓶操作应注意什么?怎样摇匀瓶内液体?不摇匀有何影响?

【预习指导】

1. 实验前请认真阅读“2.5　滴定分析仪器和基本操作”中的有关内容,并参照本实验“数据记录与处理”的格式在实验记录本上列表,以便实验时记录。

2. 回答下列问题:

(1) 滴定管每次放出的溶液是否一定要为整数?

(2) 最后留在滴定管上的半滴液体如何处理?为什么?

实验 3　溶液的配制

一、实验目的

1. 掌握一般溶液的配制原理和基本操作方法。
2. 掌握浓溶液的稀释操作方法。

二、实验原理

在实验中常常因为化学反应的要求不同而配制不同的溶液。在一般性质反应的实验中，配制一定浓度的常见溶液就能满足需要。在定量测定的实验中，要求比较严格，需要配制精确浓度的溶液。

三、实验用品

1. 仪器

烧杯(250 mL)、容量瓶(250 mL)、量筒(10 mL，100 mL)、试剂瓶(500 mL)，台秤。

2. 试剂

$CuSO_4 \cdot 5H_2O(s)$，NaOH(s)，醋酸，浓盐酸。

四、实验步骤

1. 配制10% NaOH溶液

先算出配制一定体积10% NaOH溶液所需的固体NaOH的用量。用台秤称取所需的固体质量，放在烧杯中，再用量筒量取所需蒸馏水注入烧杯中，用玻璃棒搅动，使固体完全溶解，即得所需的水溶液。将溶液倒入试剂瓶中，贴上标签，备用。

2. 配制5.0 mol·L⁻¹硫酸铜溶液

先算出配制一定体积 $5.0\ mol \cdot L^{-1}$ $CuSO_4$ 溶液所需的固体 $CuSO_4 \cdot 5H_2O$ 的用量。用台秤称取所需的固体质量，放在烧杯中，加入少量的蒸馏水用玻璃棒搅动使固体完全溶解后，转移到容量瓶中，再用蒸馏水稀释到刻度，即得所需的水溶液。将溶液倒入试剂瓶中，贴上标签，备用。

3. 由液体试剂(或浓溶液)配制溶液

(1) 体积分数溶液的配制　按体积分数，用量筒量取液体(或浓溶液)和溶剂的用量，在烧杯中将两者混合，搅动均匀，即成所需的体积分数溶液，将溶液转移到试剂瓶中，贴上标签，备用。例如，试用浓盐酸配制(1∶1)HCl溶液100 mL。

(2) 物质的量浓度溶液的配制　先用比重计测量液体(或浓溶液)的相对密度，从有关的表中查出其相应的质量分数，算出配制一定体积物质的量浓度溶液所需的液体(或浓溶液)的用量。用量筒量取所需的液体(或浓溶液)，加到装有少量水的烧杯中，混匀。如果溶液发热，需冷却到室温后，再将溶液转移到相应的容量瓶中，用水稀释至刻度，然后移入试剂瓶中，贴上标签，备用。

4. 浓溶液的稀释

用已知浓度为 $2.0\ mol \cdot L^{-1}$ 的醋酸溶液配制100 mL $0.2\ mol \cdot L^{-1}$ 醋酸溶液。

五、思考题

1. 用浓硫酸配制一定浓度的稀硫酸时，应注意什么？
2. 称量NaOH时，应注意什么？
3. 量取浓盐酸时，应注意什么？

【预习指导】

实验前请认真阅读“2.6　试剂的存放、取用和试剂的配制”中的有关内容。

实验 4　氯化钠的提纯

一、实验目的

1. 学会用化学方法提纯粗食盐。
2. 学习溶解、沉淀、常压过滤、减压过滤、蒸发、结晶等基本操作。
3. 了解食盐中主要杂质 Ca^{2+}，Mg^{2+}，SO_4^{2-} 的检查方法。

二、实验原理

粗食盐中常含有泥沙等不溶性杂质，可用溶解过滤的方法除去。粗食盐中还含有可溶性杂质，主要是 Ca^{2+}，Mg^{2+}，SO_4^{2-}，它们可用下面的方法除去。

粗食盐溶液中加入稍过量的 $BaCl_2$ 溶液，即可将 SO_4^{2-} 转化为难溶解的 $BaSO_4$ 沉淀：

$$Ba^{2+} + SO_4^{2-} \xlongequal{\quad} BaSO_4 \downarrow$$

通过过滤可除去 $BaSO_4$。在滤液中加入 Na_2CO_3 溶液，则粗食盐溶液中的杂质 Ca^{2+}，Mg^{2+} 及沉淀 SO_4^{2-} 时带入的 Ba^{2+} 分别生成 $CaCO_3$，$Mg_2(OH)_2CO_3$，$BaCO_3$ 沉淀，用过滤法可除去这些杂质。

$$Ca^{2+} + CO_3^{2-} \xlongequal{\quad} CaCO_3 \downarrow$$

$$2Mg^{2+} + CO_3^{2-} + 2OH^- \xlongequal{\quad} Mg_2(OH)_2CO_3 \downarrow$$

$$Ba^{2+} + CO_3^{2-} \xlongequal{\quad} BaCO_3 \downarrow$$

溶液中过量的 Na_2CO_3 可用盐酸中和，经过加热除去。粗食盐中的 K^+ 与这些沉淀剂不起作用，仍留在溶液中。由于 KCl 的溶解度比 NaCl 的溶解度大，而且在粗食盐中的含量较少，所以在蒸发浓食盐溶液时，NaCl 结晶出来，而 KCl 仍留在母液中。

三、实验用品

1. 仪器

台秤(或天平)、烧杯(250 mL)、布氏漏斗、玻璃漏斗、漏斗架、蒸发皿、量筒(10 mL、50 mL)、循环水真空泵、抽滤瓶、铁架台(带石棉网)。

2. 试剂

$HCl(6.0\ mol \cdot L^{-1})$，$NaOH(6.0\ mol \cdot L^{-1})$，$Na_2CO_3$(饱和)，$BaCl_2(1.0\ mol \cdot L^{-1})$，$(NH_4)_2C_2O_4$(饱和)，$KSCN(0.5\ mol \cdot L^{-1})$，粗食盐、镁试剂。

3. 材料

pH 试纸、滤纸。

四、实验步骤

1. 粗食盐的溶解

在台秤(或天平)上称量 8.0 g 粗食盐，放入 250 mL 烧杯中，加 30 mL 去离子水。加热，搅拌使粗食盐溶解。

2. Ca^{2+},Mg^{2+},SO_4^{2-} 的检查

用滴管吸取食盐溶液 1 mL 放入试管中,加入 2～3 滴饱和$(NH_4)_2C_2O_4$ 溶液,摇动试管,若有白色沉淀产生,说明含有 Ca^{2+}。

用滴管吸取食盐溶液 2～3 滴,滴入点滴板上,然后加 5 滴 6.0 $mol\cdot L^{-1}$ NaOH 溶液和 2 滴镁试剂,用玻璃棒搅拌后,若出现蓝色沉淀,说明含有 Mg^{2+}。

用滴管吸取食盐溶液 5 滴于试管中,然后加入 2 滴 6.0 $mol\cdot L^{-1}$ HCl 溶液和 2 滴 1.0 $mol\cdot L^{-1}$ $BaCl_2$ 溶液,摇动试管,若有白色沉淀产生,说明含有 SO_4^{2-}。

3. SO_4^{2-} 的除去

在食盐溶液中加 2 mL 1.0 $mol\cdot L^{-1}$ $BaCl_2$ 溶液,则产生白色沉淀,然后将溶液小火加热5 min,使 $BaSO_4$ 沉淀聚集长大以便过滤。常压过滤除去沉淀,保留滤液。

4. Ca^{2+},Mg^{2+},Ba^{2+}的除去

向前面获得的滤液中加入 4 mL 饱和 Na_2CO_3 溶液,则产生 $CaCO_3$,$Mg_2(OH)_2CO_3$,$BaCO_3$ 沉淀,将此溶液和沉淀加热 5 min 后,过滤,然后检查滤液是否除净 Ca^{2+},Mg^{2+},Ba^{2+}。

检验方法同步骤"2."。若未除净 Ca^{2+},Mg^{2+},Ba^{2+},则再加入 1 mL 饱和 Na_2CO_3 溶液,重复步骤"4.",若无 Ca^{2+},Mg^{2+},Ba^{2+},则进行以下操作。

5. 调节溶液的 pH,除去 CO_3^{2-}

在滤液中逐滴加入 6.0 $mol\cdot L^{-1}$ HCl 溶液,充分搅拌,并用玻璃棒蘸取滤液在 pH 试纸上试验,直至溶液呈微酸性(pH＝4～5)为止。

6. 蒸发、结晶、干燥

将溶液转移到蒸发皿中,加热至沸腾,改用小火加热,浓缩至溶液呈稀糊状时,停止加热。待浓缩液冷却至室温后,进行减压过滤,再将晶体转移到蒸发皿中,在石棉网上用小火加热烘干。烘干时应不断用玻璃棒搅动,以免结块,一直烘干至 NaCl 晶体不沾玻璃棒为止。冷却后,称出所得精盐的质量,计算 NaCl 的产率。

$$产率=\frac{精盐的质量}{粗盐的质量}\times 100\%$$

7. 产品纯度检验

在台秤上称取 1 g 粗食盐和 1 g 产品精盐,分别用 5 mL 蒸馏水溶解后,再各自分装在 4 支试管中,然后按下列方法检验并比较其纯度。

(1) SO_4^{2-} 的检验　分别向盛有精盐溶液和粗盐溶液的试管中加入几滴 $BaCl_2$ 溶液,振荡后静置,观察并记录现象。精盐溶液中应无沉淀析出。

(2) Ca^{2+}的检验　分别向盛有精盐溶液和粗盐溶液的试管中加入 2 滴$(NH_4)_2C_2O_4$ 溶液,振荡后静置,观察并记录现象。精盐溶液中应无沉淀析出。

(3) Mg^{2+}的检验　分别向盛有精盐溶液和粗盐溶液的试管中加入 2 滴 NaOH 溶液,使其呈碱性,各加入 2 滴镁试剂,如溶液变成蓝色,说明有 Mg^{2+}存在。精盐溶液应无颜色变化。

(4) Fe^{3+}的检验　先分别向盛有精盐溶液和粗盐溶液的试管中加入 2 滴 HCl 溶液,使其呈酸性,再各加入 1 滴 KSCN 溶液,如溶液变成红色,说明有 Fe^{3+}存在。精盐溶液应无颜色变化。

五、思考题

为什么要用 Na_2CO_3 溶液来除去溶液中的 Ca^{2+},Mg^{2+},Ba^{2+},而不用 $(NH_4)_2CO_3$ 等可溶性碳酸盐？为什么在除去过量的 CO_3^{2-} 时,用 HCl 而不用 H_2SO_4 或 HNO_3？

【预习指导】

实验前请认真阅读“2.7　溶解、蒸发、结晶与干燥”和“2.8　沉淀与过滤”内容,并简要写出本实验的操作流程。

实验 5　缓冲溶液的配制与性能

一、实验目的

1. 学习缓冲溶液的配制方法,加深对缓冲溶液性质的理解。
2. 了解缓冲容量与缓冲剂浓度和缓冲组分的比值关系。
3. 练习吸量管的使用方法。

二、实验原理

能抵抗外来少量强酸、强碱或适当稀释而保持 pH 基本不变的溶液称为缓冲溶液。缓冲溶液一般是由弱酸及其盐、弱碱及其盐、多元弱酸的酸式盐及其次级盐组成。缓冲溶液的 pH 可用下式计算:

$$\mathrm{pH}=\mathrm{p}K_a^{\ominus}+\lg\frac{c_b}{c_a}\quad 或\quad \mathrm{pOH}=\mathrm{p}K_b^{\ominus}+\lg\frac{c_a}{c_b}$$

缓冲溶液的 pH 除主要取决于 $\mathrm{p}K_a^{\ominus}(\mathrm{p}K_b^{\ominus})$外,还与盐和酸(或碱)的浓度比值有关,若配制缓冲溶液所用的盐和酸(或碱)的原始浓度相同,均为 c,酸(或碱)的体积为 V_a (V_b),盐的体积为 V_s,总体积为 V,混合后酸(或碱)的浓度为$\frac{c\cdot V_a}{V}\left(或\frac{c\cdot V_b}{V}\right)$,盐的浓度为$\frac{c\cdot V_s}{V}$,则

$$\frac{c_b}{c_a}=\frac{cV_s/V}{cV_a/V}=\frac{V_s}{V_a}\quad 或\quad \frac{c_a}{c_b}=\frac{V_s}{V_b}$$

所以缓冲溶液 pH 可写为

$$\mathrm{pH}=\mathrm{p}K_a^{\ominus}+\lg\frac{V_s}{V_a}\quad 或\quad \mathrm{pOH}=\mathrm{p}K_b^{\ominus}+\lg\frac{V_s}{V_b}$$

配制缓冲溶液时,只要按计算值量取盐和酸(或碱)溶液的体积,混合后即可得到一定 pH 的缓冲溶液。

缓冲容量是衡量缓冲溶液的缓冲能力大小的尺度。为获得最大的缓冲容量,应控制 $c_b/c_a=1$ 或 $c_a/c_b=1$,酸(或碱)、盐的浓度大的,缓冲容量也大。但实践中酸(或碱)、盐浓度不宜过大。

三、实验用品

1. 仪器

10 mL 吸量管、烧杯、试管、量筒等。

2. 试剂

HCl 溶液(0.1 mol·L^{-1})、pH=4.0 的 HCl 溶液、HAc(0.1 mol·L^{-1},1 mol·L^{-1}),NaOH(0.1 mol·L^{-1},2 mol·L^{-1}),pH=10.0 的 NaOH 溶液、$NH_3 \cdot H_2O$(0.1 mol·L^{-1}),NaAc(0.1 mol·L^{-1}、1 mol·L^{-1}),NaH_2PO_4 (0.1 mol·L^{-1}),Na_2HPO_4 (0.1 mol·L^{-1}),NH_4Cl(0.1 mol·L^{-1}),甲基红指示剂。

3. 材料

广范 pH 试纸、精密 pH 试纸。

四、实验步骤

1. 缓冲溶液的配制

甲、乙、丙三种缓冲溶液的组成如表 3-2 所示。如配制三种缓冲溶液各 10 mL,计算所需各组分的体积,并填入表中。

按表 3-2 中用量,用 10 mL 小量筒(尽可能读准小数点后一位)配制甲、乙、丙三种缓冲溶液于已编号的 3 支试管中。用广范 pH 试纸测定所配制缓冲溶液的 pH,填入表中。

试比较实验值与计算值是否相符。(保留溶液,留作下面实验用。)

表 3-2 缓冲溶液理论配制与实验测定

缓冲溶液	pH	各组分的体积/mL		pH(实验值)
甲	4	0.1 mol·L^{-1} HAc 溶液 0.1 mol·L^{-1} NaAc 溶液		
乙	7	0.1 mol·L^{-1} NaH_2PO_4 溶液 0.1 mol·L^{-1} Na_2HPO_4 溶液		
丙	10	0.1 mol·L^{-1} $NH_3 \cdot H_2O$ 溶液 0.1 mol·L^{-1} NH_4Cl 溶液		

2. 缓冲溶液的性能

(1) 缓冲溶液对强酸和强碱的缓冲能力

① 在两支试管中各加入 3 mL 蒸馏水,用 pH 试纸测定其 pH,然后分别加入 3 滴 0.1 mol·L^{-1} HCl 和 0.1 mol·L^{-1} NaOH 溶液,再用 pH 试纸测其 pH。

② 将所配制的甲、乙、丙三种溶液依次各取 3 mL,每种取 2 份,共取 6 份,分别加入 3 滴 0.1 mol·L^{-1} HCl 和 0.1 mol·L^{-1} NaOH 溶液,用 pH 试纸测其 pH,并填入表 3-3中。

表 3-3　缓冲溶液的性质

缓冲溶液	甲		乙		丙	
pH	加酸	加碱	加酸	加碱	加酸	加碱

测定分别加入酸和碱后，同一种缓冲溶液的 pH 有无变化。与未加酸、碱的缓冲溶液的 pH 比较有无变化。为什么？

(2) 缓冲溶液对稀释的缓冲能力　按表 3-4，在 3 支试管中，依次加入 1 mL pH=4.0 的缓冲溶液、pH=4.0 的 HCl 溶液、pH=10.0 的缓冲溶液、pH=10.0 的 NaOH 溶液，然后在各试管中加入 10 mL 蒸馏水，混合后用精密 pH 试纸测量其 pH。并解释实验现象。

表 3-4　缓冲溶液的稀释

试管号	溶液	稀释后的 pH
1	pH=4.0 的缓冲溶液	
2	pH=4.0 的 HCl 溶液	
3	pH=10.0 的缓冲溶液	
4	pH=10.0 的 NaOH 溶液	

3. 缓冲容量

(1) 缓冲容量与缓冲剂浓度的关系　取 2 支试管，用吸量管在一支试管中加 0.1 $mol\cdot L^{-1}$ HAc 和 0.1 $mol\cdot L^{-1}$ NaAc 溶液各3 mL，另一支试管中加 1 $mol\cdot L^{-1}$ HAc 和 1 $mol\cdot L^{-1}$ NaAc 溶液各 3 mL，摇动使之混合均匀。

测两试管内溶液的 pH 是否相同？在两试管中分别滴入 2 滴甲基红指示剂，溶液呈何颜色？然后在两试管中分别滴加 2 $mol\cdot L^{-1}$ NaOH 溶液（每加一滴均需充分混合），直到溶液的颜色变成黄色。记录各管所加的滴数。解释所得的结果。

(2) 缓冲容量与缓冲组分比值的关系　取 2 支试管，用吸量管在一支试管中加入 0.1 $mol\cdot L^{-1}$ Na_2HPO_4 和 0.1 $mol\cdot L^{-1}$ NaH_2PO_4 各 5 mL，另一支试管中加入 9 mL 0.1 $mol\cdot L^{-1}$ NaH_2PO_4 和 1 mL 0.1 $mol\cdot L^{-1}$ Na_2HPO_4，用精密 pH 试纸或 pH 计测量两溶液的 pH。然后在每支试管中加入 0.9 mL 0.1 $mol\cdot L^{-1}$ NaOH，再用精密 pH 试纸或 pH 计测量它们的 pH。每一试管加 NaOH 溶液前后两次的 pH 是否相同？两支试管比较情况又如何？解释原因。

五、思考题

1. 缓冲溶液的 pH 由哪些因素决定？

2. 现有下列几种酸及这些酸的各种对应盐类（包括酸式盐），欲配制 pH=2.0，pH=10.0，pH=12.0的缓冲溶液，应各选用哪种缓冲剂较好？

H_3PO_4，HAc，$H_2C_2O_4$，H_2CO_3，HF

3. 将 10 mL 0.1 $mol\cdot L^{-1}$ HAc 溶液和 10 mL 0.1 $mol\cdot L^{-1}$ NaOH 溶液混合后，问所

得溶液是否具有缓冲能力？

4. 使用 pH 试纸检验溶液的 pH 时，应注意哪些问题？

【预习指导】

实验前请认真阅读“2.6 试剂的存放、取用和试剂的配制”和“2.10 试纸的使用”内容，并将表 3-2、表 3-3、表 3-4 在实验记录本上列表，以便实验时记录。

3.2 常数的测定实验

实验 6 化学反应速率的测定

一、实验目的

1. 了解浓度、温度和催化剂对化学反应速率的影响。
2. 了解$(NH_4)_2S_2O_8$氧化 KI 的反应速率的测定原理和方法。
3. 学习作图法处理实验数据。

二、实验原理

在水溶液中，$(NH_4)_2S_2O_8$氧化 KI 的离子反应式为

$$S_2O_8^{2-}+3I^- = 2SO_4^{2-}+I_3^- \qquad (1)$$

该反应的速率方程可表示为

$$v=k[S_2O_8^{2-}]^m[I^-]^n$$

$(m+n)$为该反应的级数，但 m 和 n 值需通过实验测定。

若用实验方法测定 Δt 时间内 $S_2O_8^{2-}$ 浓度的改变值 $\Delta[S_2O_8^{2-}]$，则 Δt 内平均反应速率为

$$\bar{v}=-\frac{\Delta[S_2O_8^{2-}]}{\Delta t}$$

如果把实验条件控制在 $S_2O_8^{2-}$ 和 I^- 的起始浓度比 Δt 内减少的浓度大得多的情况下，因 Δt 时间后 $S_2O_8^{2-}$ 和 I^- 浓度与起始浓度差别不大，这时的平均反应速率 $\bar{v}$ 可近似看作起始的瞬时反应速率：

$$\bar{v}=-\frac{\Delta[S_2O_8^{2-}]}{\Delta t}=k[S_2O_8^{2-}]^m[I^-]^n$$

为了测出 Δt 内 $S_2O_8^{2-}$ 浓度的变化值 $\Delta[S_2O_8^{2-}]$，在反应液中同时加入一定量 $Na_2S_2O_3$ 和淀粉溶液，因为 $S_2O_3^{2-}$ 遇 I^- 即发生如下反应：

$$2S_2O_3^{2-}+I_3^- = S_4O_6^{2-}+3I^- \qquad (2)$$

由于反应(2)的反应速率极快，而反应(1)的反应速率较慢，因此在 $S_2O_3^{2-}$ 耗尽之前，反应液中不会有 I_3^- 存在。一旦 $S_2O_3^{2-}$ 耗尽，由反应(1)产生的 I_3^- 就立即与淀粉作用，使溶液

呈现蓝色。因为从反应开始到溶液出现蓝色这段时间(Δt)内 $S_2O_3^{2-}$ 全部耗尽,所以 $\Delta[S_2O_8^{2-}]$就是 $S_2O_3^{2-}$ 的起始浓度。又从反应(1)和反应(2)的化学计量关系中可知:

$$\Delta[S_2O_8^{2-}]=\frac{1}{2}\Delta[S_2O_3^{2-}]$$

这样,由 $Na_2S_2O_3$ 的起始浓度可求得 $\Delta[S_2O_8^{2-}]$,因此只要在实验中准确记录从反应开始到溶液呈现蓝色所需的时间(Δt),就可近似算得该反应的起始反应速率。

另外,如果对速率方程两边取对数,可得

$$\lg v=m\ \lg[S_2O_8^{2-}]+n\ \lg[I^-]+\lg k$$

若设计一组实验,保持$[I^-]$不变,改变$[S_2O_8^{2-}]$,分别测其 v,以 $\lg v$ 对 $\lg[S_2O_8^{2-}]$作图,可得一直线,斜率即为 m。同理,设计另一组实验,保持$[S_2O_8^{2-}]$不变,改变$[I^-]$,分别测其 v,以 $\lg v$ 对$\lg[I^-]$作图,可得一直线,斜率即为 n。将 m 和 n 代入速率方程,即可求得反应速率常数 k。

三、实验用品

1. 仪器

恒温水浴、秒表。

2. 试剂

$(NH_4)_2S_2O_8$ 溶液(0.2 $mol\cdot L^{-1}$),KI 溶液(0.2 $mol\cdot L^{-1}$),$Na_2S_2O_3$ 溶液(0.01 $mol\cdot L^{-1}$),淀粉溶液(0.2%),KNO_3 溶液(0.2 $mol\cdot L^{-1}$),$(NH_4)_2SO_4$ 溶液(0.2 $mol\cdot L^{-1}$),$Cu(NO_3)_2$ 溶液(0.02 $mol\cdot L^{-1}$)。

四、实验步骤

1. 浓度对化学反应速率的影响

在室温下,按表 3-5 所示的试剂用量用量筒(每种试剂所用的量筒要贴上标签,以免混用)准确量取 KI,$Na_2S_2O_3$,KNO_3,$(NH_4)_2SO_4$ 和淀粉溶液加入 250 mL 锥形瓶中,摇匀。然后用量筒准确量取所列用量的$(NH_4)_2S_2O_8$ 溶液,快速加入锥形瓶中,同时按动秒表计时,并不断摇荡溶液。当溶液刚出现蓝色时,停止计时,将对应时间填入表 3-5 中。实验编号 2,3,4,5 溶液中加 KNO_3 或$(NH_4)_2SO_4$ 是为了保持反应液总体积和离子强度相同。

表 3-5 $(NH_4)_2S_2O_8$ 和 KI 的浓度对反应速率的影响

实验编号	V_{KI}/mL	$V_{Na_2S_2O_3}$/mL	V_{KNO_3}/mL	$V_{(NH_4)_2SO_4}$/mL	$V_{淀粉}$/mL	$V_{(NH_4)_2S_2O_8}$/mL	反应时间/s
1	20	8	0	0	2	20	
2	20	8	0	10	2	10	
3	20	8	0	15	2	5	
4	10	8	10	0	2	20	
5	5	8	15	0	2	20	

2. 温度对反应速率的影响

按表 3-5 中实验编号 4 的用量把 KI,$Na_2S_2O_3$,KNO_3,$(NH_4)_2SO_4$ 和淀粉溶液加入250 mL锥形瓶中,将$(NH_4)_2S_2O_8$ 溶液加入大试管中,并将它们放在冰水浴中冷却。待两溶液均冷到0 ℃时,按上述实验相同的方法,记录反应在 0 ℃所需的时间。再按实验编号 4 的用量,在恒温水浴上分别做比室温高 10 ℃和 20 ℃的实验。加上室温,就可得到 4 种温度下的反应时间,将它们记录在表 3-6 中。

表 3-6 温度对反应速率的影响

实验编号	6(0 ℃)	7(室温)	8(室温+10 ℃)	9(室温+20 ℃)
反应温度/K				
反应时间/s				
反应速率(v)				
反应速率常数(k)				
lg k				
$1/T$				

3. 催化剂对反应速率的影响

按实验编号 4 的用量,在 KI,$Na_2S_2O_3$,KNO_3,$(NH_4)_2SO_4$ 和淀粉的混合溶液中先加入 2 滴 0.02 mol·L^{-1}$Cu(NO_3)_2$ 溶液,然后再与$(NH_4)_2S_2O_8$ 溶液混合,记录反应时间。与实验编号 4 的反应时间相比可得到什么结论?

五、思考题

1. 实验中为什么可以由反应出现蓝色的时间长短来计算反应速率?反应溶液出现蓝色后,反应是否就终止了?
2. $Na_2S_2O_3$ 的用量过多或过少,对实验结果有何影响?
3. 本实验中反应物 $S_2O_8^{2-}$ 和 I^- 的化学计量数不同,如果反应速率不是用 $S_2O_8^{2-}$ 而是用 I^- 来表示,为什么求得的反应速率却是相同的?

【预习指导】

实验前请认真阅读"2.6 试剂的存放、取用和试剂的配制"的相关内容,并将表 3-5、表 3-6 在实验记录本上列表,以便实验时记录。

翻阅相关参考书,练习利用计算机对实验数据进行绘图的方法(如用 Excel 进行绘图)。

实验 7 $I_3^- \rightleftharpoons I_2 + I^-$ 平衡常数的测定

一、实验目的

1. 加深对经验平衡常数的理解。
2. 掌握一种测定经验平衡常数的方法。

3. 学习使用微量滴头的方法。

二、实验原理

碘溶于碘化钾溶液达到下列平衡：$I_3^- \rightleftharpoons I_2 + I^-$。在一定温度下，其平衡常数 $K=\frac{[I_2][I^-]}{[I_3^-]}$。为测定$[I_2]$，$[I^-]$和$[I_3^-]$，可取过量固体碘与已知浓度的KI溶液一起振荡达到平衡后，取上层清液，用标准$Na_2S_2O_3$溶液滴定：$2Na_2S_2O_3 + I_2 = 2NaI + Na_2S_4O_6$。由于溶液中存在着上述平衡，所耗的$Na_2S_2O_3$用量滴定计算最终得到的是$I_3^-$和$I_2$的总浓度$c=[I_3^-]+[I_2]$。其中$[I_2]$可通过同温度时测量碘和水处于平衡时溶液中的碘的浓度来代替，设其浓度$c'=[I_2]$，则$[I_3^-]=c-c'$。因为处于平衡时，形成一个I_3^-就需要一个I^-，所以平衡时$[I^-]=[I^-]_0-[I_3^-]$，式中$[I^-]_0$为KI的起始浓度。将$[I_3^-]$，$[I_2]$，$[I^-]$代入$K=\frac{[I_2][I^-]}{[I_3^-]}$，即可求得此温度条件下的平衡常数$K$。

三、实验用品

1. 仪器

多用滴管、具塞小锥形瓶、微量滴头、六孔点滴板。

2. 试剂

$Na_2S_2O_3$标准溶液（0.010 0 mol·L^{-1}）、KI标准溶液（0.010 0 mol·L^{-1}，0.020 0 mol·L^{-1}）、固体碘、淀粉溶液（0.5%）。

四、实验步骤

实验步骤如下：

(1) 取干燥的碘量瓶，分别标上1#，2#，3#，用量筒移取10 mL 0.010 0 mol·L^{-1}的KI溶液注入1#瓶，取10 mL 0.020 0 mol·L^{-1}KI溶液注入2#瓶，取10 mL蒸馏水注入3#瓶。然后每个瓶内各加入0.1 g研细的碘，盖好瓶盖，在室温下振荡30 min后静置10 min。将上层清液分别移入对应编号的多用滴管内。

(2) 用微量滴头套紧在1#多用滴管上，在点滴板上滴40滴，将微量滴头用蒸馏水洗净，套紧在装有0.010 0 mol·L^{-1}$Na_2S_2O_3$标准溶液的多用滴管上。用$Na_2S_2O_3$溶液润洗后，进行滴定，当溶液显浅黄色时，加入0.5%淀粉溶液1～2滴，此时溶液呈蓝色。再滴加$Na_2S_2O_3$，并不断搅拌，滴至浅蓝色刚好消失为止，记录所消耗的$Na_2S_2O_3$溶液的滴数，用同样方法对2#多用滴管的溶液进行滴定。

(3) 3#多用滴管溶液的滴定，方法同上。

小贴士

(1) 由于碘溶液易挥发，向点滴板滴加碘溶液和滴定操作应尽快进行，且在滴定时不宜过分剧烈搅拌或振荡溶液。

(2) 本实验所有含碘废液都要集中回收。

由于滴定时所用为同一微量滴头，故所用滴数比即为体积比，将实验数据记录在表3-7中，并根据实验原理，求出平衡常数。

表 3-7　实验数据和计算

瓶号		1	2	3
取样体积/滴				
$Na_2S_2O_3$ 溶液的用量/滴	一			
	二			
	平均			
$Na_2S_2O_3$ 溶液的浓度 $c/(mol\cdot L^{-1})$				
I_2 与 I_3^- 总浓度 $c/(mol\cdot L^{-1})$				
水溶液中碘的平衡浓度 $c'/(mol\cdot L^{-1})$				
$[I_2]/(mol\cdot L^{-1})$				
$[I_3^-]/(mol\cdot L^{-1})$				
$[I^-]_0/(mol\cdot L^{-1})$				
$[I^-]/(mol\cdot L^{-1})$				
K				

五、思考题

1. 为什么 I_2 必须过量？
2. 为什么在室温下振荡 30 min，而后又静置 10 min？
3. 用多用滴管进行滴定时，为什么滴至淡黄色时再加入淀粉？
4. 确定终点的方法是什么？

【预习指导】

实验前请查阅有关资料，了解 $Na_2S_2O_3$ 和 KI 反应所需的条件和所用的指示剂，并将表 3-7 在实验记录本上列表，以便实验时记录。

实验 8　醋酸标准解离常数和解离度的测定

一、实验目的

1. 了解醋酸标准解离常数和解离度的测定方法。
2. 学会 pH 计的使用。
3. 巩固移液管的基本操作，学习容量瓶的使用。

二、实验原理

醋酸是弱电解质，在水溶液中存在着下列解离平衡：

$$HAc \rightleftharpoons H^+ + Ac^-$$

其标准解离常数表达式为

$$K_a^\ominus(HAc)=\frac{[c(H^+)/c^\ominus]\cdot[c(Ac^-)/c^\ominus]}{c(HAc)/c^\ominus} \tag{1}$$

式中 $c(H^+)$,$c(Ac^-)$,$c(HAc)$分别为 H^+,Ac^-,HAc 的平衡浓度,$c^\ominus$为标准浓度($1\ mol\cdot L^{-1}$)。在单纯的 HAc 溶液中,若以 c 代表 HAc 的起始浓度,则 $c(HAc)=c-c(H^+)$,而 $c(H^+)=c(Ac^-)$,代入式(1)得

$$K_a^\ominus(HAc)=\frac{[c(H^+)/c^\ominus]^2}{[c-c(H^+)]/c^\ominus} \tag{2}$$

HAc 的解离度 α 可表示为

$$\alpha=c(H^+)/c \tag{3}$$

用 pH 计测得已知浓度 HAc 的 pH,代入式(2)、式(3),即可求得 $K_a^\ominus$和 α。

三、实验用品

1. 仪器

滴定管(50 mL)、容量瓶(50 mL)、烧杯(50 mL)、电磁搅拌器、pH 计(附复合电极)。

2. 试剂

HAc 溶液($0.1\ mol\cdot L^{-1}$,精确浓度已标定)。

四、实验步骤

1. 配制不同浓度的 HAc 溶液

用滴定管分别放出已知浓度的 HAc 溶液 5.00 mL,10.00 mL,25.00 mL 于 3 只 50 mL 容量瓶中,用蒸馏水稀释至刻度,摇匀。连同未稀释的 HAc 溶液可得到四种浓度不同的溶液,由稀到浓依次编号为 1,2,3,4。

2. HAc 溶液的 pH 测定

用 4 只干燥的 50 mL 烧杯,分别盛入上述 4 种溶液各 30 mL,按由稀到浓的次序用 pH 计测定它们的 pH,将数据记录于表 3-8 中。

表 3-8 HAc 溶液的 pH 测定和计算结果 测定温度____℃

编号	pH	$c/(mol\cdot L^{-1})$	$c(H^+)/(mol\cdot L^{-1})$	$c(Ac^-)/(mol\cdot L^{-1})$	$K_a^\ominus$	α
1						
2						
3						
4						

五、思考题

1. 如果改变所测醋酸溶液的浓度,则解离度和标准解离常数有无变化?

2. 下列情况能否用近似公式 $K_a^\ominus=\frac{[c(H^+)/c^\ominus]^2}{c/c^\ominus}$ 求标准解离常数?

(1) 所测 HAc 溶液浓度极稀;

(2) 在 HAc 溶液中加入一定数量的 NaAc(s);

(3) 在 HAc 溶液中加入一定数量的 NaCl(s);

3. 在本实验中,测定 HAc 的 $K_a^\ominus$ 值时,为什么 HAc 溶液的浓度必须精确测定?

【预习指导】

实验前请认真阅读"2.12　酸度计的使用"的相关内容,并将表 3-8 在实验记录本上列表,以便实验时记录。

3.3　分析化学实验

实验 9　氢氧化钠标准溶液的配制、标定和食醋中总酸度的测定

一、实验目的

视频:
NaOH 标准溶液的配制

1. 掌握氢氧化钠标准溶液的配制和标定方法。
2. 掌握强碱滴定弱酸的原理和正确判断滴定终点的方法。
3. 掌握称量和滴定操作。
4. 学会食醋中总酸度的测定方法。

二、实验原理

在酸碱滴定中,常用的碱溶液是氢氧化钠,由于氢氧化钠不是基准试剂,因此必须采用间接法配制,即先配成近似浓度,然后再用基准物质进行标定。

标定碱的基准物质常用的是邻苯二甲酸氢钾。邻苯二甲酸氢钾($KHC_8H_4O_4$)的摩尔质量大,易于获得纯品,易于干燥,不吸湿,是标定碱的良好基准物质。标定 NaOH 时的反应如下:

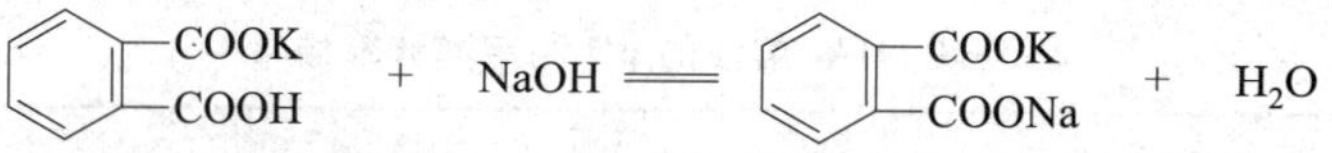

滴定产物是 $KNaC_8H_4O_4$,溶液呈弱碱性,故应选酚酞作指示剂。

醋酸为一中等程度的弱酸,$K_a^\ominus=1.8\times10^{-5}$,HAc 与 NaOH 反应如下:

$$HAc+OH^- \rightleftharpoons Ac^- +H_2O$$

产物是 HAc 的共轭碱 Ac^-,若用 0.1 $mol\cdot L^{-1}$ NaOH 溶液滴定 0.1 $mol\cdot L^{-1}$ HAc 溶液,反应完全时 pH=8.7,pH 突跃范围是 7.7~9.7,可选用酚酞作指示剂。

三、实验用品

1. 仪器

台秤、电子天平、滴定管、锥形瓶(250 mL)、容量瓶(250 mL)、烧杯(500 mL)、试剂瓶(500 mL,带橡胶塞)、移液管(25 mL)。

2. 试剂

氢氧化钠(s)、邻苯二甲酸氢钾(s)、0.2%酚酞、食用白醋。

四、实验步骤

1. 0.2 $mol \cdot L^{-1}$ NaOH 溶液的配制

在台秤上称取一定量的固体氢氧化钠(自己计算质量),置于 500 mL 烧杯中,加 50 mL 水使之全部溶解,转入 500 mL 试剂瓶中,再加水稀释到 500 mL。用橡胶塞塞好瓶口,充分摇匀,贴上标签备用。

2. NaOH 溶液的标定

准确称取邻苯二甲酸氢钾三份(其质量按消耗 20～40 mL 0.2 $mol \cdot L^{-1}$NaOH 溶液计,自己计算),分别放入 250 mL 锥形瓶中,加 50 mL 水,温热使之溶解,冷却。加酚酞指示剂 2 滴,用 NaOH 溶液滴定至溶液刚出现微红色,30 s 不褪色,即为终点。平行测定 3 次。

3. 食用白醋总酸度的测定

用清洁移液管吸取少许食用白醋试液,淋洗移液管内壁 3 次,然后吸取试液 25.00 mL,置于 250 mL 容量瓶中,用蒸馏水稀释至刻度,塞上瓶塞,摇匀。

用清洁的 25 mL 移液管吸取稀释后的试液淋洗内壁,反复 3 次,然后吸取稀释后的试液,放于 250 mL 锥形瓶中。加入酚酞指示剂 2～3 滴,用 NaOH 标准溶液滴定,直至加入半滴 NaOH 标准溶液后显现的红色在摇匀后,于 30 s 内不再褪色时,即为终点。

五、数据记录与处理

根据下式计算 NaOH 溶液的浓度:

$$c_{\text{NaOH}}=\frac{(1\,000\ \text{mL}\cdot \text{L}^{-1})\cdot m_{\text{邻苯二甲酸氢钾}}}{M_{\text{邻苯二甲酸氢钾}}\cdot V_{\text{NaOH}}}$$

将实验数据记录在下表中,并计算。三份测定的相对平均偏差应小于 0.2%,否则应重新测定。

记录项目	编号		
	Ⅰ	Ⅱ	Ⅲ
称量瓶＋邻苯二甲酸氢钾质量(倒出前)/g 称量瓶＋邻苯二甲酸氢钾质量(倒出后)/g 称出邻苯二甲酸氢钾质量/g			

记录项目	编号		
	Ⅰ	Ⅱ	Ⅲ
NaOH 溶液体积终读数/mL NaOH 溶液体积初读数/mL V_{NaOH}/mL			
$c_{NaOH}/(mol \cdot L^{-1})$			
平均值 $c_{NaOH}/(mol \cdot L^{-1})$			
相对平均偏差			

根据 NaOH 标准溶液的浓度和滴定时消耗的体积，计算所取白醋试样中总酸度[以 100 mL试样中醋酸的质量(g)表示]。

$$\rho_{HAc}=\frac{c_{NaOH}\times V_{NaOH}\times M_{HAc}\times 10}{\frac{25.00\ mL}{100.0\ mL}}$$

三次平行测定的结果与平均值的相对平均偏差不得大于 0.2%，否则应重做。将 3 次测定数据记录在下表中。

记录项目		编号		
		Ⅰ	Ⅱ	Ⅲ
NaOH 溶液体积	终读数/mL			
	初读数/mL			
	实际用量/mL			
总酸度/$(g \cdot 100\ mL^{-1})$				
总酸度平均值/$(g \cdot 100\ mL^{-1})$				
相对平均偏差				

六、思考题

1. 配制氢氧化钠标准溶液时用什么量器称取固体氢氧化钠？可否用纸作容器称取固体氢氧化钠？为什么？

2. 在做完第一次滴定实验时，滴定管中溶液已差不多用去一半，问做第二次滴定时继续用剩余的溶液好，还是将滴定管中的标准溶液添加至零刻度附近再滴定为好？说明原因。

3. 既然酸、碱标准溶液都是间接配制的，那么在滴定分析中所使用的滴定管、移液管为什么需要用操作液润洗几次？锥形瓶和烧杯是否也需要用操作液润洗？为什么？

4. 测定醋酸为什么要用酚酞作指示剂？用甲基红或甲基橙作指示剂是否可以？为

什么？

5. 滴定管和移液管均需用待装溶液荡洗的原因是什么？锥形瓶也要荡洗吗？

6. 应如何正确使用移液管？若移液管中溶液放出后，在管尖端尚残留一滴溶液，应如何处理？

7. 以下情况对滴定结果有何影响？

(1) 滴定管中留有气泡。

(2) 滴定近终点时，没有用蒸馏水冲洗锥形瓶内壁。

(3) 滴定到终点时，有液滴悬挂在滴定管的尖端处。

【预习指导】

1. 实验前请认真阅读“2.5　滴定分析仪器和基本操作”中有关滴定管、容量瓶、吸量管等内容，并参照本实验“数据记录与处理”的格式在实验记录本上列表，以便实验时记录。

2. 根据课堂的学习内容，回答下列问题：

(1) 还有哪些基准物质可用来标定 NaOH 溶液？

(2) 滴定管在读数时，记录应保留几位有效数字？

实验 10　HCl 标准溶液的配制、标定和混合碱的测定

一、实验目的

1. 学会 HCl 标准溶液的配制和用基准物质标定 HCl 溶液浓度的方法。
2. 练习减量法称量和滴定操作。
3. 掌握用双指示剂法测定混合碱中 NaOH 和 Na_2CO_3 含量的方法。

视频：HCl 标准溶液的配制

二、实验原理

市售的浓盐酸浓度大约为 12 $mol\cdot L^{-1}$，易挥发，需用间接法配制 HCl 标准溶液。先量取一定体积的浓盐酸，用蒸馏水稀释至所需浓度，再用基准物质标定。

标定 HCl 溶液的基准物质常用无水碳酸钠，其反应如下：

$$Na_2CO_3 + HCl = NaHCO_3 + NaCl$$

$$NaHCO_3 + HCl = NaCl + H_2O + CO_2\uparrow$$

反应完全时，pH 突跃范围是 3.5～5.0，可选用甲基红或甲基橙作指示剂。

NaOH 标准溶液和 HCl 标准溶液的浓度，一般只需标定其中一种，另一种则通过 NaOH 溶液和 HCl 溶液滴定的体积比算出。标定 NaOH 溶液还是标定 HCl 溶液，要视采用何种标准溶液测定何种试样而定。原则上，应标定测定时所用的标准溶液，标定时的条件与测定时的条件(如指示剂和被测成分等)应尽可能一致。

对于以 NaOH 溶液滴定 HCl 溶液，两者关系是

$$c_{HCl}\cdot V_{HCl} = c_{NaOH}\cdot V_{NaOH}$$

$$\frac{c_{HCl}}{c_{NaOH}} = \frac{V_{NaOH}}{V_{HCl}}$$

由此可见，NaOH 溶液和 HCl 溶液经过比较滴定，确定它们完全中和时所需体积比，即可确定它们的浓度比。如果其中一溶液的浓度确定，则另一溶液的浓度即可求出。

本实验以酚酞为指示剂，用 NaOH 溶液滴定 HCl 溶液，当指示剂由无色变为微红色时，即表示达到终点。

根据混合碱中成分的不同，被酸中和过程中 pH 的变化，选择两种指示剂，由颜色变化得到两个终点，分别根据各终点所消耗的酸标准溶液的体积，计算各成分的含量，这种方法叫“双指示剂法”。

常用的两种指示剂是酚酞和甲基橙。在试液中先加酚酞指示剂，以 HCl 标准溶液滴定至无色，消耗体积为 V_1，此时溶液中不仅 NaOH 被完全中和，Na_2CO_3 也被滴定成 $NaHCO_3$，即 Na_2CO_3 被中和了一半，然后再加甲基橙指示剂，继续滴定至溶液由黄色变为橙色，此时溶液中 $NaHCO_3$ 完全被中和，消耗体积为 V_2。

反应式为

$$Na_2CO_3 + HCl \xlongequal{} NaHCO_3 + NaCl$$
$$NaHCO_3 + HCl \xlongequal{} NaCl + H_2O + CO_2\uparrow$$

根据滴定的体积关系，可计算出试液中 NaOH 和 Na_2CO_3 两组分的质量浓度 $\rho(g\cdot L^{-1})$：

$$\rho_{Na_2CO_3} = \frac{c_{HCl} \times 2V_2 \times M_{Na_2CO_3}}{2 \times V_{试样}}$$

$$\rho_{NaOH} = \frac{c_{HCl} \times (V_1 - V_2) \times M_{NaOH}}{V_{试样}}$$

三、实验用品

1. 仪器

滴定管、锥形瓶（250 mL）、烧杯（100 mL）、电子天平、小量筒、试剂瓶（500 mL）、移液管（25 mL）。

2. 试剂

浓盐酸、NaOH 溶液（0.2 $mol\cdot L^{-1}$）、甲基橙（0.2%）、酚酞（0.2%）、无水碳酸钠（AR）、碱液。

四、实验步骤

1. 0.2 $mol\cdot L^{-1}$ HCl 溶液的配制

用洁净的小量筒量取一定量的浓盐酸（自己计算体积），倒入 500 mL 试剂瓶中，立即用蒸馏水稀释至 500 mL，盖上玻璃塞，摇匀，贴上标签备用。

2. 0.2 $mol\cdot L^{-1}$ HCl 溶液的标定

准确称取无水碳酸钠 3 份（其质量按消耗 20～40 mL 0.2 $mol\cdot L^{-1}$ HCl 溶液计，自己计算）于 3 只 250 mL 锥形瓶中，各加入 50 mL 水。温热，摇动使之溶解，加入 2～3 滴甲基橙指示剂，用 HCl 溶液滴定至溶液由黄色变成橙黄色，即为终点。

3. 酸碱溶液浓度的比较滴定

用 0.2 $mol\cdot L^{-1}$ HCl 溶液荡洗已洗净的滴定管，每次需 5～10 mL 溶液。从滴定管嘴放出弃去，共洗三次，以除去沾在管壁及旋塞上的水分，然后装满滴定管。取滴定管按上述方法荡洗三次并装入 NaOH 溶液。

调节滴定管内溶液的弯月面在“0”刻度处或略低于“0”刻度，静置 1 min，准确读数，并记录在报告纸上，不得随意记录在纸片上。

由滴定管放出 20～30 mL HCl 溶液于 250 mL 锥形瓶中(准确记下体积数)，加入 50 mL去离子水稀释，再加入 2～3 滴酚酞指示剂，用 NaOH 溶液滴定至出现微红色且 30 s不褪色，即为终点。记下所消耗的 NaOH 溶液的体积。

重新把滴定管装满溶液，按上法再滴定两次(平行滴定，每次滴定应使用滴定管的同一段体积)，计算 NaOH 溶液与 HCl 溶液的体积比。

4. 混合碱的测定

用移液管准确移取混合碱液 25.00 mL 3 份，分别置于 250 mL 锥形瓶中，加入 50 mL 蒸馏水和 1 滴酚酞指示剂后，溶液呈红色，用 HCl 标准溶液滴定至无色，记下所消耗酸的体积 V_1，注意酸要逐滴加入并不断摇动，以免溶液局部酸度过大，否则 Na_2CO_3 不是被中和成 $NaHCO_3$，而是直接转变为 CO_2。然后再加入 2 滴甲基橙指示剂，继续用 HCl 标准溶液滴定至由黄色变橙色，记下酸用量 V_2，再用公式计算混合碱中各组分质量浓度。

五、数据记录与处理

根据下式计算 HCl 溶液的浓度：

$$c_{HCl}=\frac{2\times 1\,000\ mL/L\times m_{Na_2CO_3}}{M_{Na_2CO_3}\cdot V_{HCl}}$$

将盐酸标定实验数据记录在下表中，并计算。三份测定的相对平均偏差应小于 0.2%，否则应重新测定。

记录项目	编号		
	Ⅰ	Ⅱ	Ⅲ
称量瓶＋碳酸钠质量(倒出前)/g 称量瓶＋碳酸钠质量(倒出后)/g 称出碳酸钠质量/g			
HCl 溶液体积终读数/mL HCl 溶液体积初读数/mL V_{HCl}/mL			
$c_{HCl}/(mol\cdot L^{-1})$			
平均值 $c_{HCl}/(mol\cdot L^{-1})$			
相对平均偏差			

将酸碱溶液浓度的比较滴定实验数据记录在以下表格中。

记录项目	编号		
	Ⅰ	Ⅱ	Ⅲ
HCl 溶液体积终读数/mL HCl 溶液体积初读数/mL V_{HCl}/mL			
NaOH 溶液体积终读数/mL NaOH 溶液体积初读数/mL V_{NaOH}/mL			
V_{NaOH}/V_{HCl}			
体积比的平均值			
相对平均偏差			

将碱液中 NaOH 和 Na_2CO_3 含量测定数据记录在下表中。

记录项目	编号		
	Ⅰ	Ⅱ	Ⅲ
HCl 溶液体积第一终读数/mL HCl 溶液体积初读数/mL V_1/mL			
HCl 溶液体积第二终读数/mL HCl 溶液体积初读数/mL V_2/mL			
$\rho_{Na_2CO_3}/(g \cdot L^{-1})$			
平均值/$(g \cdot L^{-1})$			
$\rho_{HaOH}/(g \cdot L^{-1})$			
平均值/$(g \cdot L^{-1})$			

六、思考题

1. 配制 HCl 标准溶液时采用什么量器量取浓盐酸？为什么？
2. 用于标定的锥形瓶，其内壁是否要预先干燥？为什么？
3. 当滴定到接近终点时，要剧烈摇动溶液，这是为什么？
4. 若邻苯二甲酸氢钾加水后加热溶解，不等其冷却就进行滴定，对标定结果有无影响？为什么？
5. 在酸碱滴定中，每次指示剂的用量很少，仅用 2～3 滴，为什么不可多用？
6. 若需测定溶液的总碱度(以 Na_2O 表示)，计算公式又该怎样表示？
7. 测定一批混合碱试样时，若分别出现五种情况：① $V_1<V_2$；② $V_1>V_2$；③ $V_1=0$，$V_2\neq0$；④ $V_1\neq0$，$V_2=0$；⑤ $V_1=V_2$。各试样的组成有何差异？
8. 用 HCl 溶液滴定 NaOH 标准溶液时是否可用酚酞作指示剂？

实验 11　EDTA 标准溶液的配制、标定和水硬度的测定

一、实验目的

1. 学习 EDTA 标准溶液的配制和标定方法。
2. 掌握配位滴定的原理。
3. 了解缓冲溶液的应用。
4. 掌握钙指示剂和铬黑 T 的使用条件和终点变化。
5. 了解水硬度测定的意义和常用硬度表示方法。
6. 掌握 EDTA 滴定法测定水硬度的原理和方法。

二、实验原理

配位滴定中通常使用的配位剂是乙二胺四乙酸(EDTA)二钠盐($Na_2H_2Y \cdot 2H_2O$)，其水溶液的 pH 为 4.8 左右。如 pH 偏低，应该用 NaOH 溶液中和到 pH＝5.0 左右，以免溶液配制后有乙二胺四乙酸析出。

配制 EDTA 标准溶液一般采用间接法。因为 EDTA 标准溶液能和大多数金属离子形成1∶1的稳定配合物，所以可以用含有金属离子的基准物质如 Zn^{2+}，Cu^{2+}，Pb^{2+}，$CaCO_3$，$MgSO_4 \cdot H_2O$ 等，在一定 pH 条件下，选择适当的指示剂来标定。本实验用 Zn^{2+} 作基准物质，选用铬黑 T(EBT)作指示剂，在 $NH_3 \cdot H_2O-NH_4Cl$ 缓冲溶液(pH＝10.0)中进行标定，其反应如下：

滴定前：

$$Zn^{2+} + In^{3-}(\text{纯蓝色}) = [ZnIn]^{-}(\text{酒红色})$$

滴定开始至终点前：

$$Zn^{2+} + Y^{4-} = [ZnY]^{2-}$$

到达终点时：

$$[ZnIn]^{-}(\text{酒红色}) + Y^{4-} = [ZnY]^{2-} + In^{3-}(\text{纯蓝色})$$

水的硬度主要是由于水中含有钙盐和镁盐，其他离子如铁、铝、锰、锌离子等也形成硬度，但一般含量甚微，在测定硬度时可以忽略不计。

硬度是工业用水、生活用水中常见的一个质量指标，水的总硬度包括暂时硬度和永久硬度。在水中以碳酸氢盐形式存在的钙、镁盐加热能被分解，析出沉淀而除去，这类盐所形成的硬度称为**暂时硬度**，而钙、镁的硫酸盐或氯化物等所形成的硬度称为**永久硬度**。水的总硬度又可分为钙硬和镁硬。由钙离子形成的硬度称为**钙硬**，由镁离子形成的硬度称为**镁硬**。测定水的硬度实际上就是测定水中钙离子和镁离子的含量。

水的硬度一般采用配位滴定法，即在 pH＝10.0 的氨性缓冲溶液中，以铬黑 T 作指示剂，用 EDTA 标准溶液直接测定水中的 Ca^{2+}，Mg^{2+}，直至紫红色变为蓝绿色为终点，但为避免其他离子的干扰，需根据不同的水质加入不同的掩蔽剂。天然水和自来水中含有大量的 Ca^{2+}，Mg^{2+}，少量的 Fe^{3+}，Al^{3+}，Mn^{2+}，Cu^{2+}，只需加入 2～5 mL 三乙醇胺即

可。测定工业用水的硬度时，Fe^{3+}，Al^{3+}，少量 Mn^{2+} 等干扰离子可用三乙醇胺掩蔽；Cu^{2+}，Zn^{2+}，Mn^{2+} 可选用 5%Na_2S 溶液，1%盐酸羟胺溶液来掩蔽。

关于硬度的计算，各国对水的硬度的表示方法各不相同，其中德国硬度是较早使用的一种，它以度(°)计，1°相当于每升水中含有 10 mg CaO；我国一般以 $CaCO_3$ 的质量浓度($mg\cdot L^{-1}$)来表示水的硬度。两种硬度表示如下：

$$\text{总硬度(以 CaCO}_3\text{ 计},mg\cdot L^{-1}) = \frac{(cV)_{EDTA}\times M_{CaCO_3}}{V_{水样}}\times 100$$

$$\text{总硬度(德国硬度},10\ mg\ CaO\cdot L^{-1}) = \frac{(cV)_{EDTA}\times M_{CaO}}{V_{水样}}\times 100$$

一般认为，水的总硬度(以 $CaCO_3$ 计)在 140 $mg\cdot L^{-1}$以上为硬水，我国生活饮用水水质标准规定总硬度(以 $CaCO_3$ 计)不应超过 450 $mg\cdot L^{-1}$。

三、实验用品

1. 仪器

滴定管、电子天平、锥形瓶、表面皿、烧杯(100 mL)、容量瓶(250 mL)、移液管(25 mL)。

2. 试剂

(1) $NH_3\cdot H_2O-NH_4Cl$ 缓冲溶液(pH=10.0)：溶解 20 g NH_4Cl 于少量水中，加入 100 mL 浓氨水，用水稀释至 1 L。

(2) 0.5%铬黑 T 指示剂：称取 0.5 g 铬黑 T，加 10 mL 三乙醇胺，加乙醇稀释至 100 mL，配制液不宜久放。或配制成固体指示剂，即将 1 g 铬黑 T 与 100 g 无水 Na_2SO_4 固体混合，研磨均匀，放入干燥的磨口瓶中。

(3) 1∶1 盐酸。

(4) 1∶2 氨水。

(5) $CaCO_3$ 基准试剂：120 ℃干燥 2 h。

(6) 钙指示剂。

(7) 纯 Zn 片。

(8) NaOH 溶液(10%)。

(9) 铬黑 T 指示剂。

四、实验步骤

1. 0.01 $mol\cdot L^{-1}$ EDTA 标准溶液的配制

称取 1.9 g EDTA 二钠盐，溶于 300 mL 水中，必要时可温热以加快溶解，冷却后转移到试剂瓶中，稀释到 500 mL，摇匀。长期放置时，应贮存于聚乙烯瓶中。

2. EDTA 标准溶液的标定

(1) 用 Ca^{2+} 标定 EDTA　准确称取基准 $CaCO_3$ 0.2～0.25 g，置于 250 mL 烧杯中，用少量水先润湿，盖上表面皿，滴加 1∶1 盐酸 10 mL，加热溶解后，用少量水洗表面皿和烧杯壁，洗涤液一同转入 250 mL 容量瓶中，用水稀释至刻度，摇匀。移取 25.00 mL

Ca^{2+}溶液于 250 mL 锥形瓶中，加入 20 mL $NH_3 \cdot H_2O-NH_4Cl$ 缓冲溶液(pH=10.0)、少量钙指示剂。用 0.01 $mol \cdot L^{-1}$ EDTA标准溶液滴定至溶液由紫红色变为蓝绿色，即为终点。平行标定三份，计算 EDTA 标准溶液的准确浓度。

(2) 用 Zn^{2+} 标定 EDTA　用电子天平准确称取纯锌片 0.17～0.20 g，置于 100 mL 烧杯中，加 5 mL 1∶1 盐酸，盖上表面皿，必要时水浴温热，使之完全溶解，用水洗表面皿和烧杯壁，将溶液转移至 250 mL 容量瓶中，用水稀释至刻度，摇匀。

用移液管移取 25.00 mL Zn^{2+} 溶液于 250 mL 锥形瓶中，滴加氨水并不断摇动，至开始析出 $Zn(OH)_2$ 白色絮状沉淀，加 $NH_3 \cdot H_2O-NH_4Cl$ 缓冲溶液(pH=10.0) 10 mL，并加水约 20 mL，加铬黑 T 指示剂少量，用 EDTA 标准溶液滴定至自紫红色转变为纯蓝色，即为终点。平行测定三次，记下所消耗的 EDTA 标准溶液的体积(mL)，计算 EDTA 标准溶液的浓度。

3. 总硬度的测定

量取自来水样 100 mL，(用什么量器？为什么？)放入 250 mL 或 500 mL 锥形瓶中，加入5 mL $NH_3 \cdot H_2O-NH_4Cl$ 缓冲溶液，摇匀。再加入约 0.01 g 铬黑 T 固体指示剂，再摇匀，此时溶液呈酒红色，以 0.01 $mol \cdot L^{-1}$ EDTA 标准溶液滴定至纯蓝色，即为终点。平行测定 3 次。

4. 钙硬的测定

量取自来水样 100 mL，放入 250 mL 锥形瓶内，加 4 mL 10%NaOH 溶液，摇匀，再加入约 0.01 g 钙指示剂，再摇匀。此时溶液呈淡红色。用 0.01 $mol \cdot L^{-1}$ EDTA 标准溶液滴定至呈纯蓝色，即为终点。平行测定 3 次。

5. 镁硬的确定

由总硬度减去钙硬即得镁硬。

五、数据记录与处理

将 EDTA 浓度标定数据记录在下表中，并按下式计算浓度。

$$c_{\text{EDTA}} = \frac{m \times \frac{25\ \text{mL}}{250\ \text{mL}}}{(V_1 - V_0) \times 80.38\ \text{g} \cdot \text{mol}^{-1}}$$

记录项目	编号		
	I	II	III
(称量瓶+碳酸钙)质量(倒出前)/g			
(称量瓶+碳酸钙)质量(倒出后)/g			
称出碳酸钙质量 m/g			
EDTA 溶液体积终读数/mL			
EDTA 溶液体积初读数/mL			

续表

记录项目	编号		
	Ⅰ	Ⅱ	Ⅲ
V_{EDTA}/mL			
c_{EDTA}/(mol·L^{-1})			
平均值 $\bar{c}_{EDTA}$/(mol·L^{-1})			
相对平均偏差			

将水硬度测定实验数据记录在以下表格中。

记录项目		编号		
		Ⅰ	Ⅱ	Ⅲ
总硬度	EDTA 终读数/mL			
	EDTA 初读数/mL			
	V_{EDTA}/mL			
	总硬度/(mg·L^{-1})			
	平均值			
	相对平均偏差			
钙硬	EDTA 溶液体积终读数/mL			
	EDTA 溶液体积初读数/mL			
	V_{EDTA}/mL			
	钙硬/(mg·L^{-1})			
	平均值			
	相对平均偏差			

六、思考题

1. 为什么在滴定时要加入 $NH_3·H_2O-NH_4Cl$ 缓冲溶液？

2. 为什么实验中选用 EDTA 二钠盐作为滴定剂而不是 EDTA 酸？

3. 若调节溶液 pH＝10.0 的操作中，加入很多 $NH_3·H_2O$ 后仍不见白色沉淀出现，是何原因？应如何避免？

4. 用 EDTA 法测定水的硬度时，哪些离子的存在有干扰？如何消除？

5. 当水样中镁离子含量低时，以铬黑 T 作指示剂测定水中钙离子和镁离子总量，终点不明晰，因此常在水样中先加少量 MgY^{2-} 配合物，再用 EDTA 滴定，终点就会敏锐。这样做对测定结果有无影响？说明其原理。

6. 如果对硬度测定中的数据要求保留两位有效数字，应如何量取 100 mL 水样？

实验 12 铁铋混合液中铁、铋含量的连续测定

一、实验目的

1. 掌握用控制溶液的酸度来进行多种金属离子连续滴定的配位滴定方法和原理。

2. 了解二甲酚橙指示剂的应用。

二、实验原理

Pb^{2+},Bi^{3+} 均能与 EDTA 形成稳定的 1∶1 配合物,$\lg K^{\ominus}_{稳}$ 值分别为 18.04 和 27.94,由于两者的 $\lg K^{\ominus}_{稳}$ 值相差很大,故可利用酸效应,控制不同的酸度,分别进行滴定。通常在 pH≈1 时滴定 Bi^{3+},在 pH≈5～6 时滴定 Pb^{2+}。

在 Pb^{2+},Bi^{3+} 混合液中,首先调节溶液的 pH≈1,以二甲酚橙为指示剂,用 EDTA 的标准溶液滴定 Bi^{3+},此时 Bi^{3+} 与指示剂形成紫红色配合物,Pb^{2+} 在此条件下不形成紫红色配合物,然后用 EDTA 滴定至溶液突变为亮黄色,即为测定 Bi^{3+} 的终点。

在滴定 Bi^{3+} 后的溶液中加六亚甲基四胺,调节溶液的 pH≈5～6,此时 Pb^{2+} 与二甲酚橙形成紫红色配合物,溶液再次呈现紫红色,然后用 EDTA 标准溶液继续滴定至溶液由紫红色变为亮黄色,即为测定 Pb^{2+} 的终点。

三、实验用品

1. 仪器

烧杯(100 mL)、容量瓶(250 mL)、滴定管。

2. 试剂

EDTA 标准溶液(0.01 $mol\cdot L^{-1}$)、二甲酚橙指示剂(0.2%)、六亚甲基四胺溶液(20%)、HNO_3 溶液(0.1 $mol\cdot L^{-1}$)、NaOH 溶液(0.5 $mol\cdot L^{-1}$)、HCl 溶液(1∶1)、氨水(1∶1)、精密 pH 试纸(0.5～5.0)。

四、实验步骤

用一洗净的 250 mL 的容量瓶向指导教师领取待测定的 Pb^{2+},Bi^{3+} 混合液,用去离子水稀释至刻度,摇匀备用。

用清洁的 25 mL 移液管,准确移取 25.00 mL 上述混合液 3 份,分别注入 250 mL 锥形瓶中。分别调整溶液的酸度,使 pH≈1(可用 0.1 $mol\cdot L^{-1}$ NaOH 溶液和 0.1 $mol\cdot L^{-1}$ HNO_3 溶液调节),然后再加入 1 mL 0.1 $mol\cdot L^{-1}$ HNO_3 溶液、1～2 滴二甲酚橙指示剂,用 EDTA 标准溶液滴定至溶液由紫红色变为亮黄色,即为终点。根据滴定时消耗的 EDTA溶液的体积,计算混合液中 Bi^{3+} 的含量(以 $g\cdot L^{-1}$ 表示)。

在滴定 Bi^{3+} 后的溶液中,加 4～6 滴二甲酚橙指示剂,并逐滴滴加 1∶1 氨水,边滴边搅拌,至溶液由黄色变橙红色(注意,不能多加,否则生成 $Pb(OH)_2$ 沉淀,影响测定)。然后再加 20%六亚甲基四胺溶液至溶液呈现稳定的紫红色,此时,溶液中的 pH 为 5～6,再以 EDTA 标准溶液滴定至溶液由紫红色变为亮黄色,即为终点。根据用去

的 EDTA 体积数，计算混合液中 Pb^{2+} 的含量(以 $g\cdot L^{-1}$ 表示)。3 份测定结果，其差异不应超过 3%。

小贴士

在实验中应注意，调节酸度过程中，测试 pH 的次数不宜太多，以免影响测定结果，而且滴定过程中也不可用去离子水多次冲洗，以免体积太大，影响终点的变色。

五、数据记录与处理

将上述实验数据记录在下表中。

记录项目		编号		
		Ⅰ	Ⅱ	Ⅲ
Bi^{3+} 含量测定	EDTA 溶液体积终读数/mL			
	EDTA 溶液体积初读数/mL			
	V_{EDTA}/mL			
	Bi^{3+} 含量/($g\cdot L^{-1}$)			
	平均值			
	相对平均偏差			
Pb^{2+} 含量测定	EDTA 溶液体积终读数/mL			
	EDTA 溶液体积初读数/mL			
	V_{EDTA}/mL			
	Pb^{2+} 含量/($g\cdot L^{-1}$)			
	平均值			
	相对平均偏差			

六、思考题

1. 能否在同一份试液中先滴定 Pb^{2+} 而后滴定 Bi^{3+}？
2. 若在第一次终点到达之前的滴定中，不断地加入去离子水，可能会出现什么问题？
3. 测定混合液中的 Bi^{3+} 和 Pb^{2+}，可否采用铬黑 T 指示剂？为什么？
4. 为何从酸效应曲线上查得的 Bi^{3+} 和 Pb^{2+} 滴定的最低 pH 分别为 0.7，3.4 左右，而滴定却分别在 pH≈1 和 5～6 进行？它们滴定的 pH 分别再高一点是否可行？为什么？

【预习指导】

实验前请认真阅读前文中有关滴定管、容量瓶、吸量管等的内容，并参照本实验“数据记录与处理”的格式在实验记录本上列表，以便实验时记录。

实验 13　高锰酸钾标准溶液的配制和标定

一、实验目的

1. 了解高锰酸钾标准溶液的配制方法和保存条件。
2. 掌握用 $Na_2C_2O_4$ 作基准物质标定高锰酸钾溶液浓度的原理、方法及滴定条件。

二、实验原理

市售的高锰酸钾常含有少量杂质，如硫酸盐、氯化物及硝酸盐等，因此不能用精确称量的高锰酸钾来直接配制准确浓度的溶液。高锰酸钾氧化力强，还易和水中的有机物、空气中的尘埃及氨等还原性物质作用。高锰酸钾能自行分解，其分解反应如下：

$$4KMnO_4 + 2H_2O = 4MnO_2\downarrow + 4KOH + 3O_2\uparrow$$

分解速率随溶液的 pH 而改变。在中性溶液中，分解很慢，但锰离子和二氧化锰能加速高锰酸钾的分解，见光则分解得更快。由此可见，高锰酸钾溶液的浓度容易改变，必须正确地配制和保存。正确配制和保存的高锰酸钾溶液应呈中性，不含二氧化锰，这样，浓度就比较稳定，放置数月后浓度大约只降低 0.5%。但是如果长期使用，仍应定期标定。

高锰酸钾标准溶液常用还原剂草酸钠 $Na_2C_2O_4$ 作基准物质来标定，$Na_2C_2O_4$ 不含结晶水，容易精制。用 $Na_2C_2O_4$ 标定高锰酸钾溶液的反应如下：

$$2MnO_4^- + 5C_2O_4^{2-} + 16H^+ = 2Mn^{2+} + 10CO_2\uparrow + 8H_2O$$

滴定时可利用 MnO_4^- 本身的颜色指示滴定终点。

三、实验用品

1. 仪器

台秤、电子天平、玻璃砂芯漏斗、棕色试剂瓶(500 mL)。

2. 试剂

高锰酸钾(s)，$Na_2C_2O_4$(AR)，H_2SO_4 溶液(1 mol·L^{-1})。

四、实验步骤

1. 0.02 mol·L^{-1} $KMnO_4$ 溶液的配制

称取计算量的 $KMnO_4$，溶于适当量的水中，加热煮沸 20～30 min(随时加水以补充因蒸发而损失的水)。冷却后在暗处放置 7～10 d，然后用玻璃砂芯漏斗或玻璃纤维过滤除去二氧化锰等杂质。滤液贮于洁净的玻璃塞棕色瓶中，放置暗处保存。如果溶液经煮沸并在水浴上保温1 h，冷却后过滤，则不必长期放置，就可以标定其浓度。

2. $KMnO_4$ 溶液浓度的标定

准确称取计算量(称准至 0.000 2 g)的烘过的 $Na_2C_2O_4$ 基准物质于 250 mL 锥形瓶中，加水约 10 mL 使之溶解，再加 30 mL 1 mol·L^{-1} H_2SO_4 溶液并加热至 75～80 ℃，立即用待标定的 $KMnO_4$ 溶液滴定(不能沿瓶壁滴入)至呈粉红色经 30 s 不褪色，即为终点。

重复测定 2～3 次。根据滴定所消耗的 $KMnO_4$ 溶液体积和基准物质的质量，计算 $KMnO_4$ 溶液的浓度。

五、数据记录与处理

将标定数据记录在下表中。根据滴定所消耗的 $KMnO_4$ 溶液体积和基准物质的质量，计算 $KMnO_4$ 溶液的浓度。

$$c_{KMnO_4}=\frac{\frac{2}{5}\times m_{Na_2C_2O_4}}{V_{KMnO_4}\times M_{Na_2C_2O_4}}$$

记录项目	编号		
	Ⅰ	Ⅱ	Ⅲ
(称量瓶＋草酸钠)质量(倒出前)/g			
(称量瓶＋草酸钠)质量(倒出后)/g			
称出草酸钠质量 m/g			
$KMnO_4$ 溶液体积终读数/mL			
$KMnO_4$ 溶液体积初读数/mL			
V_{KMnO_4} /mL			
c_{KMnO_4} /(mol·L^{-1})			
平均值 $\bar{c}_{KMnO_4}$ /(mol·L^{-1})			
相对平均偏差			

六、思考题

1. 配制 $KMnO_4$ 标准溶液时为什么要把 $KMnO_4$ 水溶液煮沸一定时间(或放置数天)？配好的 $KMnO_4$ 溶液为什么要过滤后才能保存？过滤时是否能用滤纸？

2. 好的 $KMnO_4$ 溶液为什么要装在棕色瓶中并放置暗处保存？(如果没有棕色瓶应该怎么办?)

3. 用 $Na_2C_2O_4$ 标定 $KMnO_4$ 溶液浓度时，为什么必须在大量硫酸存在的条件下进行？(可以用盐酸或硝酸溶液吗?)酸度过高或过低有无影响？为什么要加热至 75～85 ℃后才能滴定？溶液温度过高或过低有什么影响？

4. 用 $KMnO_4$ 溶液滴定 $Na_2C_2O_4$ 溶液时，$KMnO_4$ 溶液为什么一定要装在玻璃塞滴定管中？为什么第一滴 $KMnO_4$ 溶液加入后红色褪去很慢，以后褪色较快？

5. 装 $KMnO_4$ 溶液的烧杯放置较久后，杯壁上常有棕色沉淀(是什么?)不容易洗净，应该怎样洗涤？

【预习指导】

实验前请认真阅读前文中有关滴定管、容量瓶、吸量管等内容，并参照本实验“数据记录与处理”的格式在实验记录本上列表，以便实验时记录。

实验 14　商品双氧水中过氧化氢含量的测定

一、实验目的

1. 掌握应用高锰酸钾法测定双氧水中 H_2O_2 含量的原理和方法。
2. 掌握移液管和容量瓶的正确使用方法。

二、实验原理

商品双氧水中 H_2O_2 的含量，可用高锰酸钾法测定。在酸性溶液中 H_2O_2 还原 MnO_4^- 离子：

$$5H_2O_2 + 2MnO_4^- + 6H^+ \xlongequal{} 2Mn^{2+} + 5O_2\uparrow + 8H_2O$$

此滴定在室温时可在硫酸或盐酸介质中顺利进行，但和滴定草酸一样，滴定开始时反应较慢。

滴定反应进行过程中，紫红色的 $KMnO_4$ 被还原为近无色的 Mn^{2+}，达终点时，溶液呈现 $KMnO_4$ 特殊的紫红色，利用这一现象可判断反应的终点，故无须另加指示剂。

三、实验用品

1. 仪器

滴定管(50 mL)、移液管(25.00 mL)、容量瓶(250 mL)。

2. 试剂

工业双氧水、H_2SO_4 溶液($1\ mol\cdot L^{-1}$)、$KMnO_4$ 标准溶液($0.02\ mol\cdot L^{-1}$)。

四、实验步骤

用移液管吸取 5.00 mL 双氧水试样，置于 250 mL 容量瓶中，加水稀释至标线，混合均匀。吸取 25.00 mL 稀释液三份，分别置于三个 250 mL 锥形瓶中，各加 10 mL H_2SO_4 溶液，用$0.02\ mol\cdot L^{-1}$ $KMnO_4$ 标准溶液滴定至溶液呈粉红色 30 s 不褪色，即为终点。

五、数据记录与处理

将测定数据记录在下表中。根据滴定所消耗的 $KMnO_4$ 溶液体积和浓度，计算商品双氧水中 H_2O_2 的含量。

$$\rho_{H_2O_2} = \frac{\frac{5}{2} \times c_{KMnO_4} \times V_{KMnO_4} \times M_{H_2O_2}}{V_{试样}} \times \frac{250.00\ mL}{25.00\ mL}$$

记录项目	编号		
	Ⅰ	Ⅱ	Ⅲ
$KMnO_4$ 溶液体积终读数/mL			
$KMnO_4$ 溶液体积初读数/mL			

续表

记录项目	编号		
	Ⅰ	Ⅱ	Ⅲ
V_{KMnO_4} /mL			
$\rho_{H_2O_2}$ /(g·L^{-1})			
平均值 $\bar{\rho}_{H_2O_2}$ /(g·L^{-1})			
相对平均偏差			

六、思考题

1. 在此测定中 H_2O_2 与 $KMnO_4$ 的化学计量关系如何？如何计算双氧水中 H_2O_2 的含量？

2. 为什么含有乙酰苯胺等有机物作稳定剂的过氧化氢试样不能用 $KMnO_4$ 法而能用碘量法或铈量法准确测定？

【预习指导】

1. 实验前请认真阅读前文中有关滴定管、容量瓶、吸量管等内容，并参照本实验“数据记录与处理”的格式在实验记录本上列表，以便实验时记录。

2. 回答下列问题：

(1) 用 $KMnO_4$ 法测定 H_2O_2 时，能否用 HNO_3，HCl，HAc 控制酸度？

(2) 用 $KMnO_4$ 法测定 H_2O_2 时，为什么会出现棕色浑浊物？

实验 15　工业废水中化学需氧量(COD)的测定(高锰酸钾法)

一、实验目的

1. 掌握酸性高锰酸钾法测定水中 COD 的分析方法。

2. 了解测定 COD 的意义。

二、实验原理

化学需氧量系指用适当氧化剂处理水样时，水样中需氧污染物所消耗的氧化剂的量，通常以相应的氧量(单位为 mg·L^{-1})来表示。COD 是表示水体或污水的污染程度的重要综合性指标之一，是环境保护和水质控制中经常需要测定的项目。COD 值越高，说明水体污染越严重。COD 的测定分为酸性高锰酸钾法、碱性高锰酸钾法和重铬酸钾法，本实验采用酸性高锰酸钾法。方法提要是：在酸性条件下，向待测水样中定量加入高锰酸钾溶液，加热水样，使高锰酸钾与水样中有机污染物充分反应，过量的高锰酸钾用一定量的草酸钠还原，最后用高锰酸钾溶液返滴过量的草酸钠，由此计算出水样的需氧量。反应方程式为

$$2MnO_4^- + 5C_2O_4^{2-} + 16H^+ \xlongequal{} 2Mn^{2+} + 10CO_2\uparrow + 8H_2O$$

三、实验用品

1. 仪器

分析天平、容量瓶(250 mL)、锥形瓶(250 mL)、滴定管(50 mL)。

2. 试剂

0.005 mol·L^{-1} $KMnO_4$ 溶液(将实验 13 中 0.02 mol·L^{-1} $KMnO_4$ 溶液稀释 4 倍)、硫酸(1∶2)、硝酸银溶液(w 为 0.10)。

四、实验步骤

实验步骤如下:

(1) 0.013 mol·L^{-1} $Na_2C_2O_4$ 标准溶液的制备:准确称取基准 $Na_2C_2O_4$ 0.44 g 左右溶于少量的蒸馏水中,定量转移至 250 mL 容量瓶中,稀释至刻度,摇匀,计算其浓度。

(2) 取适量水样于 250 mL 锥形瓶中,用蒸馏水稀释至 100 mL,加硫酸(1∶2)10 mL,再加入 w 为 0.10 的硝酸银溶液 5 mL 以除去水样中的 Cl^-(当水样 Cl^- 中浓度很小时,可以不加硝酸银),摇匀后准确加入 0.005 mol·L^{-1} $KMnO_4$ 溶液 10.00 mL(V_1),将锥形瓶置于沸水浴中加热 30 min,氧化需氧污染物。稍冷后(约 80 ℃),加 0.013 mol·L^{-1} $Na_2C_2O_4$ 标准溶液 10.00 mL,摇匀(此时溶液应为无色),在 70～80 ℃的水浴中用 0.005 mol·L^{-1} $KMnO_4$ 溶液滴定至微红色,30 s内不褪色即为终点,记下 $KMnO_4$ 溶液的用量为 V_2。

(3) 在 250 mL 锥形瓶中加入蒸馏水 100 mL 和 1∶2 硫酸 10 mL,移入 0.013 mol·L^{-1} $Na_2C_2O_4$ 标准溶液 10.00 mL,摇匀,在 70～80 ℃的水浴中,用 0.005 mol·L^{-1} $KMnO_4$ 溶液滴定至溶液微红色,30 s 内不褪色即为终点,记下 $KMnO_4$ 溶液的用量为 V_3。

(4) 在 250 mL 锥形瓶中加入蒸馏水 100 mL 和 1∶2 硫酸 10 mL,在 70～80 ℃下,用 0.005 mol·L^{-1} $KMnO_4$ 溶液滴定至溶液微红色,30 s 内不褪色即为终点,记下 $KMnO_4$ 溶液的用量为 V_4。

小贴士

(1) 水样量根据在沸水浴中加热反应 30 min 后,应剩下加入量一半以上的 0.005 mol·L^{-1}高锰酸钾溶液量来确定。

(2) 废水中有机物种类繁多,但对于主要含烃类、脂肪、蛋白质及挥发性物质(如乙醇、丙酮等)的生活污水和工业废水,其中的有机物大多数可以氧化 90%以上,像吡啶、甘氨酸等有机物则难以氧化,因此,在实际测定中,氧化剂种类、浓度和氧化条件等对测定结果均有影响,所以必须严格按规定操作步骤进行分析,并在报告结果时注明所用的方法。

(3) 本实验在加热氧化有机污染物时,完全敞开,如果废水中易挥发性化合物含量较高时,应使用回流冷凝装置加热,否则结果将偏低。

(4) 水样中 Cl^- 在酸性高锰酸钾中能被氧化,使结果偏高。

(5) 实验所用的蒸馏水最好用含酸性高锰酸钾的蒸馏水重新蒸馏所得的二次蒸馏水。

五、数据记录与处理

将测定数据记录在下表中。按下式计算化学需氧量 COD(Mn)：

$$COD(Mn)=[(V_1+V_2-V_4)\cdot f-10.00]\times c_{Na_2C_2O_4}\times 16.00\times 1\,000/V_s$$

式中：$f=10.00/(V_3-V_4)$，即 1 mL $KMnO_4$ 相当于 f mL $Na_2C_2O_4$ 标准溶液；V_s 为水样体积；16.00 为氧的相对原子质量。

记录项目	编号		
	Ⅰ	Ⅱ	Ⅲ
V_1/mL			
V_2/mL			
V_3/mL			
V_4/mL			
f			
COD(Mn)/($mg\cdot L^{-1}$)			
COD(Mn)平均值/($mg\cdot L^{-1}$)			
相对平均偏差			

六、思考题

1. 哪些因素影响 COD 测定的结果，为什么？
2. 可以采用哪些方法避免废水中 Cl^- 对测定结果的影响？

【预习指导】

1. 实验前请认真阅读前文中有关滴定管、容量瓶、吸量管等内容，并参照本实验“数据记录与处理”的格式在实验记录本上列表，以便实验时记录。
2. 选择下列问题的正确答案：

(1) 用 $KMnO_4$ 法测定 COD 时，采用的是下列哪种方法？

a. 直接滴定法　　b. 间接滴定法　　c. 返滴定法

(2) 用 $KMnO_4$ 法测定 COD 时，采用什么作为指示剂？

a. H_2SO_4　　b. $KMnO_4$　　c. $Na_2C_2O_4$

实验 16　摩尔盐中亚铁的测定

一、实验目的

1. 掌握重铬酸钾法的原理与应用。
2. 进一步熟悉滴定等操作。

二、实验原理

重铬酸钾是常用的氧化剂，在酸性溶液中与还原剂作用被还原为 Cr^{3+}。重铬酸钾法主要用于测定铁的含量，在酸性溶液中，其反应如下：

$$Cr_2O_7^{2-} + 6Fe^{2+} + 14H^+ = 2Cr^{3+} + 6Fe^{3+} + 7H_2O$$

依据重铬酸钾标准溶液的浓度和滴定时消耗的体积，求得亚铁的质量分数。

视频：

重铬酸钾标准溶液的配制

三、实验用品

1. 仪器

电子天平、容量瓶(250 mL)、烧杯(100 mL)、容量瓶(100 mL)、移液管(25 mL)、锥形瓶(500 mL)、滴定管(50 mL)。

2. 试剂

H_3PO_4 溶液(1∶1)、H_2SO_4 溶液(2 mol·L^{-1})、二苯胺磺酸钠溶液(0.2%)、硫酸亚铁铵(俗称摩尔盐)试样。

四、实验步骤

1. 0.02 mol·L^{-1} $K_2Cr_2O_7$ 标准溶液的制备：准确称取干燥的重铬酸钾基准物质 1.471 0 g，倒入 100 mL 烧杯中，加蒸馏水溶解后，移入 250 mL 容量瓶中，用蒸馏水稀释至刻度，摇匀。

2. 准确称取硫酸亚铁铵试样 4～5 g 于 100 mL 烧杯中，加少量蒸馏水及 2 mol·L^{-1} H_2SO_4 溶液溶解试样后，定量转移至 100 mL 容量瓶中，稀释至刻度，摇匀。

移取试液 25.00 mL 三份，分别置于 500 mL 锥形瓶中，加入 2 mol·L^{-1} H_2SO_4 溶液 15 mL，H_3PO_4 溶液(1∶1)10 mL，再加蒸馏水 100 mL，二苯胺磺酸钠指示剂 6～7 滴，用 $K_2Cr_2O_7$ 标准溶液滴定至紫色出现，即为终点。平行测定 3 次。

五、数据记录与处理

记录数据于下表中，计算铁的质量分数。

记录项目	测定次数		
	Ⅰ	Ⅱ	Ⅲ
试样质量 m/g			
重铬酸钾溶液体积终读数/mL			
重铬酸钾溶液体积初读数/mL			
$V_{K_2Cr_2O_7}$/mL			
w_{Fe}/%			
平均值 w_{Fe}/%			
相对平均偏差			

六、思考题

1. 为什么称取硫酸亚铁铵试样的质量为 4～5 g?
2. 重铬酸钾法滴定前加入磷酸的作用是什么?

【预习指导】

实验前请参照本实验“数据记录与处理”的格式在实验记录本上列表,以便实验时记录。写出本实验计算铁的质量分数的公式。

实验 17　碘和硫代硫酸钠标准溶液的配制和标定

一、实验目的

1. 掌握 I_2 和 $Na_2S_2O_3$ 溶液的配制方法和保存条件。
2. 了解标定 I_2 和 $Na_2S_2O_3$ 溶液浓度的原理和方法。
3. 掌握直接碘量法和间接碘量法的测定条件。

二、实验原理

视频：硫代硫酸钠标准溶液的配制

碘量法用的标准溶液主要有硫代硫酸钠和碘标准溶液两种。用升华法可制得纯碘,纯碘可用作基准物质,用纯碘可按直接法配制标准溶液。如用普通的碘配标准溶液,则应先配成近似浓度,然后再标定。

碘微溶于水而易溶于碘化钾溶液,但在稀的碘化钾溶液中溶解得很慢,所以配制碘溶液时不能过早加水稀释,应先将碘与碘化钾混合,用少量水充分研磨,溶解完全后再稀释,碘与碘化钾间存在如下平衡:

$$I_2 + I^- \rightleftharpoons I_3^-$$

游离碘容易挥发损失,这是影响碘溶液稳定性的原因之一。因此溶液中应维持适当过量的碘离子,以减少碘的挥发。

空气能氧化碘离子,引起碘浓度的增加:

$$4I^- + O_2 + 4H^+ \rightleftharpoons 2I_2 + 2H_2O$$

此氧化作用很慢,但会因为光、热及酸的作用而加速,因此 I_2 溶液应贮于棕色瓶中置冷暗处保存。I_2 能缓慢腐蚀橡胶和其他有机物,所以 I_2 溶液应避免与这类物质接触。

标定 I_2 溶液浓度的最好方法是用三氧化二砷(As_2O_3)作基准物质。三氧化二砷难溶于水,易溶于碱性溶液中生成亚砷酸盐:

$$As_2O_3 + 6OH^- \longrightarrow 2AsO_3^{3-} + 3H_2O$$

亚砷酸盐与碘的反应是可逆的:

$$AsO_3^{3-} + I_2 + H_2O \rightleftharpoons AsO_4^{3-} + 2I^- + 2H^+$$

随着滴定反应的进行,溶液酸度增加,反应将向反方向进行,即 AsO_4^{3-} 离子将氧化 I^-,使滴定反应不能完成。但是又不能在强碱溶液中进行滴定,因此一般在酸性溶液中

加入过量碳酸氢钠，使溶液的 pH 保持在 8 左右，所以实际上滴定反应是

$$I_2 + AsO_3^{3-} + 2HCO_3^- \xlongequal{} 2I^- + AsO_4^{3-} + 2CO_2\uparrow + H_2O$$

碘溶液的浓度，也可用 $Na_2S_2O_3$ 标准溶液来标定。

固体硫代硫酸钠一般都含有少量杂质，如 S，Na_2SO_3，Na_2SO_4，Na_2CO_3 及 NaCl 等，同时还容易风化和潮解，因此不能直接配制准确浓度的溶液。

$Na_2S_2O_3$ 溶液易受空气和微生物等的作用而分解：

(1) 溶解的二氧化碳的作用　$Na_2S_2O_3$ 在中性或碱性溶液中较稳定，当 pH<4.6 时即不稳定。溶液中含有二氧化碳时，会促进 $Na_2S_2O_3$ 分解：

$$Na_2S_2O_3 + H_2CO_3 \xlongequal{} NaHSO_3 + NaHCO_3 + S\downarrow$$

此分解作用一般发生在溶液配成后的最初十天内。分解后一分子 $Na_2S_2O_3$ 变成了一分子 $NaHSO_3$。一分子 $Na_2S_2O_3$ 只能和一个碘原子作用，而一分子 $NaHSO_3$ 却能和两个碘原子作用，因此从反应能力看溶液的浓度增加了。以后由于空气的氧化作用，浓度又慢慢减小。

在 pH=9～10 时，硫代硫酸盐溶液最为稳定，所以一般在 $Na_2S_2O_3$ 溶液中加入少量 Na_2CO_3。

(2) 空气的氧化作用

$$2Na_2S_2O_3 + O_2 \xlongequal{} 2Na_2SO_4 + 2S\downarrow$$

(3) 微生物的作用　这是使 $Na_2S_2O_3$ 分解的主要原因。为了避免微生物的分解作用，可加入少量 HgI_2（10 mg·L^{-1}）。

为了减少溶解在水中的二氧化碳和杀死水中微生物，应用新煮沸后冷却的蒸馏水配制溶液并加入少量 Na_2CO_3（含量约为 0.02%），以防止 $Na_2S_2O_3$ 分解。

日光能促进 $Na_2S_2O_3$ 溶液分解，所以 $Na_2S_2O_3$ 溶液应贮于棕色瓶中，放置暗处，经 8～14 天后再标定。长期使用的溶液，应定期标定。若保存得好，可每两月标定一次。

通常用 $K_2Cr_2O_7$ 作基准物质标定 $Na_2S_2O_3$ 溶液的浓度。$K_2Cr_2O_7$ 先与碘化钾反应析出碘：

$$Cr_2O_7^{2-} + 6I^- + 14H^+ \xlongequal{} 2Cr^{3+} + 3I_2 + 7H_2O$$

析出的碘再用标准 $Na_2S_2O_3$ 溶液滴定：

$$I_2 + 2S_2O_3^{2-} \xlongequal{} S_4O_6^{2-} + 2I^-$$

这个标定方法是间接碘量法的应用。

三、实验用品

1. 仪器

台秤、电子天平、烧杯(500 mL)、棕色瓶(500 mL)、碘量瓶(250 mL)、表面皿、滴定管(50 mL)。

2. 试剂

$Na_2S_2O_3\cdot5H_2O$(s)，Na_2CO_3(s)，KI(s)，As_2O_3（AR 或基准试剂），碘(s)，$K_2Cr_2O_7$（AR 或基准试剂），KI 溶液(10%)，HCl 溶液(6 mol·L^{-1})，NaOH 溶液(1 mol·L^{-1})，

$NaHCO_3$ 溶液(4%),淀粉溶液(1%),酚酞(1%)。

四、实验步骤

1. 0.05 mol·L^{-1}碘溶液的配制

称取 13 g 碘和 40 g 碘化钾置于小研钵或小烧杯中,加水少许,研磨或搅拌至碘全部溶解后,转移入棕色瓶中,加水稀释至 1 L,塞紧,摇匀后放置过夜再标定。

2. 0.1 mol·L^{-1} $Na_2S_2O_3$ 溶液的配制

用台秤称取 12.5 g $Na_2S_2O_3·5H_2O$ 于 500 mL 烧杯中,加入 300 mL 新煮沸已冷却的蒸馏水,待完全溶解后,加入 0.1 g Na_2CO_3。然后用新煮沸已冷却的蒸馏水稀释至 500 mL,贮于棕色瓶中,在暗处放置 7～14 天后标定。

3. 0.05 mol·L^{-1}碘溶液的标定

(1) 用 As_2O_3 标定　准确称取在硫酸干燥器中干燥 24 h 的 As_2O_3,置于 250 mL 锥形瓶中,加入 1 mol·L^{-1}NaOH 溶液 10 mL,待 As_2O_3 完全溶解后,加 1 滴酚酞指示剂,用 HCl 溶液中和至微酸性,然后加入 0.5 mL 4% $NaHCO_3$ 溶液、1 mL 1%淀粉溶液,再用碘标准溶液滴定至出现蓝色,即为终点。根据碘溶液的用量和 As_2O_3 的质量计算碘标准溶液的浓度。

(2) 用 $Na_2S_2O_3$ 标准溶液标定　准确吸取 25.00 mL 碘标准溶液置于 250 mL 碘量瓶中,加 50 mL 水,用 0.1 mol·L^{-1} $Na_2S_2O_3$ 标准溶液滴定至呈浅黄色后,加入 1%淀粉溶液 1 mL,用 $Na_2S_2O_3$ 溶液继续滴定至蓝色恰好消失,即为终点。根据 $Na_2S_2O_3$ 及碘溶液的用量和 $Na_2S_2O_3$ 溶液的浓度,计算碘标准溶液的浓度。

4. 0.1 mol·L^{-1} $Na_2S_2O_3$ 溶液浓度的标定

准确称取已烘干的 $K_2Cr_2O_7$(AR,其质量相当于 20～30 mL 0.1 mol·L^{-1} $Na_2S_2O_3$ 溶液)于 250 mL 碘量瓶中,加入 10～20 mL 水使之溶解,再加入 20 mL 10% KI 溶液(或 2 g 固体 KI)和 6 mol·L^{-1}HCl 溶液 5 mL,混匀后用表面皿盖好,放在暗处 5 min。然后用 50 mL 水稀释,用0.1 mol·L^{-1}$Na_2S_2O_3$ 溶液滴定至呈浅黄绿色。加入 1%淀粉溶液 1 mL,继续滴定至蓝色变绿色,即为终点。根据 $K_2Cr_2O_7$ 的质量及消耗的 $Na_2S_2O_3$ 溶液体积,计算 $Na_2S_2O_3$ 溶液的浓度。

小贴士

(1) $K_2Cr_2O_7$ 与 KI 的反应不是立刻完成的,在稀溶液中反应更慢,因此应等反应完成后再加水稀释。在上述条件下,大约经 5 min 反应即可完成。

(2) 生成的 Cr^{3+} 显蓝绿色,妨碍终点观察。滴定前预先稀释,可使 Cr^{3+} 浓度降低,蓝绿色变浅,终点时溶液由蓝变绿,容易观察。同时稀释也使溶液的酸度降低,适宜用 $Na_2S_2O_3$ 溶液滴定 I_2。

(3) 滴定完的溶液放置后会变蓝色。如果不是很快变蓝(经过 5～10 min),那就是由于空气氧化所致。如果很快而且又不断变蓝,说明 $K_2Cr_2O_7$ 和 I_2 的作用在滴定前进行得不完全,溶液稀释得太早。遇此情况,应重做实验。

五、数据记录与处理

将标定数据记录在以下表格中。根据滴定所消耗的 $Na_2S_2O_3$ 溶液体积和基准物质的质量，计算 $Na_2S_2O_3$ 溶液的浓度。

$$c_{Na_2S_2O_3}=\frac{6\times m_{K_2Cr_2O_7}}{V_{Na_2S_2O_3}\times M_{K_2Cr_2O_7}}$$

记录项目	编号		
	Ⅰ	Ⅱ	Ⅲ
(称量瓶＋重铬酸钾)质量(倒出前)/g			
(称量瓶＋重铬酸钾)质量(倒出后)/g			
称出重铬酸钾质量 m/g			
$Na_2S_2O_3$ 溶液体积终读数/mL			
$Na_2S_2O_3$ 溶液体积初读数/mL			
$V_{Na_2S_2O_3}$ /mL			
$c_{Na_2S_2O_3}$ /($mol\cdot L^{-1}$)			
平均值 $\bar{c}_{Na_2S_2O_3}$ /($mol\cdot L^{-1}$)			
相对平均偏差			

六、思考题

1. 如何配制和保存浓度比较稳定的 $Na_2S_2O_3$ 标准溶液?

2. 用 $K_2Cr_2O_7$ 作基准物质标定 $Na_2S_2O_3$ 溶液时，为什么要加入过量的 KI 和 HCl 溶液? 为什么放置一定时间后才加水稀释? 如果:

(1) 加 KI 溶液而不加 HCl 溶液;

(2) 加酸后不放置暗处;

(3) 不放置或少放置一定时间即加水稀释。

分别会产生什么影响?

3. 马铃薯和稻米等都含淀粉，它们的溶液是否可用作指示剂?

4. 淀粉指示剂的用量为什么要多达 1 mL? 能否和其他滴定方法一样，只加几滴? 为什么?

5. 如果分析的试样不同，$Na_2S_2O_3$ 标准溶液的浓度是否都应配成 0.1 $mol\cdot L^{-1}$?

【预习指导】

实验前请参照本实验“数据记录与处理”的格式在实验记录本上列表，并思考用重铬酸钾标定硫代硫酸钠溶液时，下列做法的原因。

(1) 加入 KI 后于暗处放置 10 min;

(2) 滴定前加 50 mL 水；

(3) 近终点前加淀粉指示剂。

实验 18　胆矾中铜的测定

一、实验目的

1. 掌握碘量法的原理与方法。

2. 进一步掌握滴定操作。

二、实验原理

胆矾中铜的测定可用碘量法测定。在微酸性溶液中(pH＝3～4)，Cu^{2+} 与过量 I^- 作用，生成难溶性的 CuI 沉淀和 I_2，其反应式为

$$2Cu^{2+}+4I^- = 2CuI\downarrow +I_2$$

生成的 I_2 用 $Na_2S_2O_3$ 标准溶液滴定，以淀粉溶液为指示剂，滴定至溶液的蓝色刚好消失即为终点，反应式为

$$I_2+2S_2O_3^{2-} = 2I^- +S_4O_6^{2-}$$

由于 CuI 沉淀表面吸附 I_2 致使分析结果偏低，为此可在大部分 I_2 被 $Na_2S_2O_3$ 溶液滴定后，在加入 KSCN 使 CuI($K_{sp}^{\ominus}=1.1\times10^{-12}$)沉淀转化为溶解度更小的 CuSCN($K_{sp}^{\ominus}=4.8\times10^{-15}$)沉淀，把吸附的碘释放出来，从而提高测定结果的准确度。

根据 $Na_2S_2O_3$ 标准溶液的浓度及消耗的体积计算出试样中铜的含量。

为了防止 I^- 的氧化(Cu^{2+} 催化此反应)，反应不能在强酸性溶液中进行。由于 Cu^{2+} 的水解及 I_2 易被碱分解，因此反应也不能在碱性溶液中进行。一般控制溶液在 pH＝3～4 的弱酸性介质中进行。

本方法常用于铜合金、矿石(铜矿)及农药等试样中铜的测定。

三、实验用品

1. 仪器

棕色瓶(1000 mL)、电子天平、碘量瓶(500 mL)、滴定管(25 mL)、烧杯(100 mL)、容量瓶(250 mL)、锥形瓶(250 mL)。

2. 试剂

$K_2Cr_2O_7$(s)，$Na_2S_2O_3\cdot5H_2O$(s)，H_2SO_4 溶液(1 $mol\cdot L^{-1}$)，KI 溶液(10%)，KSCN 溶液(10%)，Na_2CO_3 固体(AR)，$CuSO_4\cdot5H_2O$ 试样、淀粉溶液(1%)。

四、实验步骤

准确称取 $CuSO_4\cdot5H_2O$ 试样 6 g，置于 100 mL 烧杯中，加 10 mL 1$mol\cdot L^{-1}$ H_2SO_4 溶液，加水少量使试样溶解，定量转移到 250 mL 容量瓶中，用水稀释至刻度，摇匀。

移取上述试液 25.00 mL 置于 250 mL 锥形瓶中，加水 50 mL，加 10% KI 溶液 10 mL，立刻用 $Na_2S_2O_3$ 标准溶液滴定至淡黄色，然后加入淀粉溶液 1 mL，继续滴定至溶液呈浅蓝

色，再加入 10% KSCN 溶液 5 mL，摇匀后溶液蓝色转深，再继续用 $Na_2S_2O_3$ 标准溶液滴定至蓝色刚好消失即为终点，此时溶液为米色 CuSCN 悬浮液，记录消耗的 $Na_2S_2O_3$ 标准溶液体积，平行测定 3 次。

五、数据记录与处理

将测定数据记录在以下表格中。根据滴定所消耗的 $Na_2S_2O_3$ 标准溶液体积和浓度，计算试样中铜的质量分数。

$$w_{Cu}=\frac{c_{Na_2S_2O_3}\times V_{Na_2S_2O_3}\times M_{Cu}}{m\times\dfrac{63.55\ g\cdot mol^{-1}}{249.7\ g\cdot mol^{-1}}}\times\frac{250.00\ mL}{25.00\ mL}$$

记录项目	测定次数		
	Ⅰ	Ⅱ	Ⅲ
试样质量 m/g			
硫代硫酸钠溶液体积终读数/mL			
硫代硫酸钠溶液体积初读数/mL			
$V_{Na_2S_2O_3}$/mL			
w_{Cu}			
平均值 $\overline{w}_{Cu}$			
相对平均偏差			

六、思考题

1. 碘量法测定铜时，为什么要在弱酸性介质中进行？
2. 分析矿石或合金中的铜时，其中含有 Fe^{3+}，NO_3^- 等干扰离子，应如何消除？

【预习指导】

实验前请参照本实验“数据记录与处理”的格式在实验记录本上列表，并思考在测定铜含量时，需加入下列试剂的原因。

(1) KI　　(2) KSCN　　(3) H_2SO_4

实验 19　维生素 C 含量的测定

一、实验目的

掌握直接碘量法及其操作。

二、实验原理

用 I_2 标准溶液可以直接测定维生素 C 等一些还原性的物质。维生素 C 分子中的二烯醇基可被 I_2 氧化成二酮基。

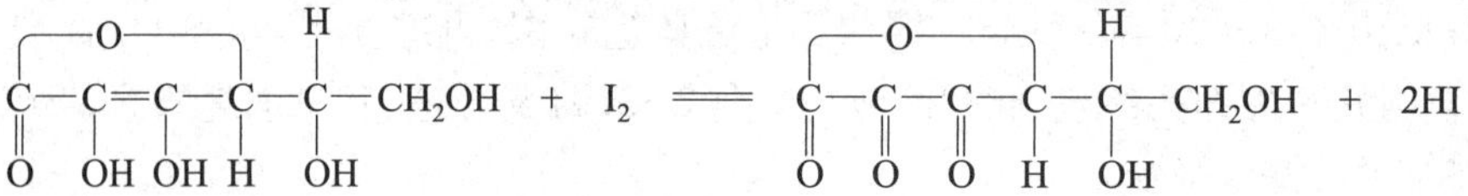

此反应不必加碱即可进行得很完全。相反，由于维生素 C 的还原能力强而易被空气氧化，特别在碱性溶液中更易被氧化，所以，在测定中须加入稀 HAc，使溶液保持足够的酸度，以减少副反应的发生。

三、实验用品

1. 仪器

电子天平、滴定管(25 mL)、锥形瓶(250 mL)。

2. 试剂

维生素 C(s)，HAc 溶液(1∶1)，I_2 标准溶液(0.05 $mol \cdot L^{-1}$)，$Na_2S_2O_3$ 标准溶液(0.1 $mol \cdot L^{-1}$)，淀粉溶液(1%)。

四、实验步骤

准确称取试样 0.2 g 置于 250 mL 锥形瓶中，加入新煮沸过的冷蒸馏水 100 mL 和 10 mL 1∶1 HAc 溶液，完全溶解后，再加入 3 mL 淀粉指示剂，立即用 I_2 标准溶液滴定至溶液显稳定的蓝色。重复滴定两次，并计算维生素 C 的质量分数。

五、数据记录与处理

将测定数据记录在下表中。根据滴定所消耗的 I_2 标准溶液体积和浓度，计算试样中维生素 C 的质量分数。

$$w_{VC} = \frac{c_{I_2} \times V_{I_2} \times 176.1\ g \cdot mol^{-1}}{m}$$

记录项目	测定次数		
	Ⅰ	Ⅱ	Ⅲ
试样质量 m/g			
I_2 标准溶液体积终读数/mL			
I_2 标准溶液体积初读数/mL			
V_{I_2}/mL			
w_{VC}			
平均值 $\overline{w}_{VC}$			
相对平均偏差			

六、思考题

1. 测定维生素 C 的溶液中为什么要加入稀 HAc 溶液？

2. 溶解试样时为什么要用新煮沸过并冷却后的蒸馏水?

【预习指导】

实验前请参照本实验“数据记录与处理”的格式在实验记录本上列表,并思考与测定胆矾中铜含量时的终点颜色变化之差别。

实验20 葡萄糖含量的测定

一、实验目的

1. 学习间接碘量法中返滴定的操作。
2. 掌握间接碘量法测定葡萄糖含量的原理和操作。

二、实验原理

I_2 与氢氧化钠作用生成次碘酸钠:

$$I_2 + 2NaOH = NaIO + NaI + H_2O$$

NaIO 在碱性介质中可把葡萄糖氧化成葡萄糖酸盐:

$$CH_2OH(CHOH)_4CHO + NaIO + NaOH = CH_2OH(CHOH)_4COONa + NaI + H_2O$$

剩余的 NaIO 在碱性溶液中转变成 $NaIO_3$ 和 NaI:

$$3NaIO = NaIO_3 + 2NaI$$

当对溶液进行酸化后,$NaIO_3$ 又恢复成 I_2:

$$NaIO_3 + 5NaI + 3H_2SO_4 = 3I_2 + 3Na_2SO_4 + 3H_2O$$

析出的 I_2 可用 $Na_2S_2O_3$ 标准溶液滴定:

$$I_2 + 2Na_2S_2O_3 = Na_2S_4O_6 + 2NaI$$

根据以上反应可知,有关反应物之间化学计量关系为

$$n_{Na_2S_2O_3} : n_{I_2} : n_{NaIO} : n_{葡萄糖} = 2:1:1:1$$

从用去的硫代硫酸钠标准溶液求得剩余 I_2 溶液的体积,进而可以计算葡萄糖的质量分数。

三、实验用品

1. 仪器

电子天平、碘量瓶(250 mL)、滴定管(25 mL)。

2. 试剂

葡萄糖试样(s),H_2SO_4 溶液($0.5\ mol\cdot L^{-1}$),NaOH 溶液($0.1\ mol\cdot L^{-1}$),I_2 标准溶液($0.05\ mol\cdot L^{-1}$),$Na_2S_2O_3$ 标准溶液($0.1\ mol\cdot L^{-1}$),淀粉溶液(1%)。

四、实验步骤

准确称取葡萄糖试样 0.1 g 置于 250 mL 碘量瓶中,加蒸馏水 30 mL 使之溶解。加

入已知浓度的 I_2 标准溶液 25.00 mL，在不断振荡下滴加 NaOH 溶液 30 mL。用塞子塞紧，暗处放置10 min。再加入 H_2SO_4 溶液 6 mL，摇匀，用 $Na_2S_2O_3$ 标准溶液（0.1 $mol\cdot L^{-1}$）返滴定剩余的 I_2。接近终点时加入 2 mL 淀粉指示剂，继续滴定到溶液蓝色消失，即为终点。记录所消耗的体积 V_2。同时做空白试验，记录所消耗的体积 V_1。计算葡萄糖的质量分数。

五、数据记录与处理

将测定数据记录在下表中。根据滴定所消耗的 $Na_2S_2O_3$ 标准溶液体积和浓度，计算试样中葡萄糖的质量分数。

$$w_{葡萄糖}=\frac{c_{Na_2S_2O_3}\times(V_1-V_2)\times\dfrac{180.2\ g\cdot mol^{-1}}{2\times1\ 000\ mL\cdot L^{-1}}}{m}$$

记录项目	测定次数		
	Ⅰ	Ⅱ	Ⅲ
试样质量 m/g			
$Na_2S_2O_3$ 标准溶液体积终读数/mL			
$Na_2S_2O_3$ 标准溶液体积初读数/mL			
$V_{Na_2S_2O_3}$/mL			
$w_{葡萄糖}$			
$\bar{w}_{葡萄糖}$			
相对平均偏差			

六、思考题

1. 在本实验中，怎样判断滴定接近终点？如何判断滴定终点？
2. NaOH 滴定速度过快，会有何影响？
3. 测定葡萄糖的终点颜色变化和测定维生素 C 的有何不同？

【预习指导】

实验前请参照本实验“数据记录与处理”的格式在实验记录本上列表，以便记录实验数据。

实验 21　水中可溶性氯化物的测定

一、实验目的

1. 掌握 $AgNO_3$ 标准溶液的制备方法。
2. 了解莫尔法的基本原理和操作。

二、实验原理

莫尔法是在中性或弱碱性的溶液中，以 K_2CrO_4 为指示剂，用 $AgNO_3$ 标准溶液来直接滴定 Cl^-。过量的 $AgNO_3$ 与 CrO_4^{2-} 生成砖红色的 Ag_2CrO_4 沉淀，指示终点。

$$Ag^+ + Cl^- = AgCl\downarrow$$

$$2Ag^+ + CrO_4^{2-} = Ag_2CrO_4\downarrow\text{（砖红色）}$$

溶液的 pH 应控制在 6.5～10.5，若试液中存在铵盐，则 pH 上限不能超过 7.2。溶液中若存在较大量的 Cu^{2+}，Co^{2+}，Cr^{3+} 等有色离子，将影响终点的观察。凡是能与 Ag^+ 或 CrO_4^{2-} 发生化学反应的阴、阳离子都干扰测定。

三、实验用品

1. 仪器

棕色滴定管等。

2. 试剂

(1) 基准 NaCl：将 NaCl(AR)置于坩埚中，在 500～600 ℃灼烧 0.5 h，稍冷，移入干燥器中冷却。

(2) 0.02 $mol\cdot L^{-1}$ $AgNO_3$ 标准溶液：准确称取 0.2～0.3 g 基准 NaCl 于小烧杯中，定量转移至 250 mL 容量瓶中，取此溶液 25 mL 于锥形瓶中，加水 25 mL、5% K_2CrO_4 溶液 1 mL，充分摇动下，用待标定的 $AgNO_3$ 溶液滴定至溶液呈砖红色。根据用量计算 $AgNO_3$ 溶液的准确浓度。

(3) 5% K_2CrO_4 溶液。

四、实验步骤

1. 空白试验

移取 50 mL 蒸馏水，加适量 $CaCO_3$ 作背景，加入 1 mL K_2CrO_4 指示剂，不断振荡下，用$AgNO_3$溶液滴定至出现砖红色为止，记录 $AgNO_3$ 溶液用量 V_0。

2. 水样测定

移取 50.00 mL 水样于锥形瓶中，加入 1 mL K_2CrO_4 指示剂，不断振荡下，用 $AgNO_3$ 溶液滴定至出现砖红色为止，记录 $AgNO_3$ 溶液用量 V_1，平行测定 3 次。

3. 结果计算

$$\text{氯离子的质量浓度}(mg\cdot L^{-1}) = \frac{(V_1 - V_0)\times c_{AgNO_3}\times 35.45\ g\cdot mol^{-1}}{V_{\text{水样}}}$$

五、思考题

1. 本实验为什么要做空白试验？
2. K_2CrO_4 指示剂的浓度大小对测定有何影响？
3. 用莫尔法测定 Cl^-，为什么不能在酸性溶液中进行？pH 过高又有什么影响？

【预习指导】

在预习实验内容后，思考在实验中 $AgNO_3$ 标准溶液为什么要用棕色滴定管。

实验 22　氯化钡中钡的测定(重量分析法)

一、实验目的

1. 熟悉并掌握重量分析法的基本操作，如沉淀、过滤、洗涤、转移、烘干、恒重等。
2. 了解形成晶形沉淀的方法及其沉淀的条件。
3. 了解本实验中误差的来源及其消除方法。

二、实验原理

Ba^{2+} 能生成一系列的微溶化合物，如 $BaCO_3$，$BaCrO_4$，BaC_2O_4，$BaHPO_4$，$BaSO_4$ 等，其中以 $BaSO_4$ 的溶解度最小。$BaSO_4$ 性质非常稳定，组成与化学式相符合，因此常以 $BaSO_4$ 重量分析法测钡。虽然 $BaSO_4$ 的溶解度较小，但还不能满足重量分析法对沉淀溶解度的要求，必须加入过量的沉淀剂以降低 $BaSO_4$ 的溶解度。硫酸在灼烧时能挥发，是沉淀钡离子的理想沉淀剂，使用时可过量 50%～100%。硫酸钡沉淀初生成时，一般形成细小的晶体，过滤时易穿过滤纸，为了得到纯净而颗粒较大的晶形沉淀，应当在热的酸性稀溶液中，在不断搅拌下逐滴加入热的稀硫酸。反应介质一般为 0.05 mol·L^{-1}的 HCl 溶液，加热温度以近沸较好。在酸性条件下沉淀 $BaSO_4$ 还能防止生成 $BaCO_3$，$BaCrO_4$，BaC_2O_4，$BaHPO_4$ 等沉淀。

将所得的硫酸钡沉淀经过陈化、过滤、洗涤、灼烧，最后称量，即可求得试样中钡离子的质量分数。

三、实验用品

1. 仪器

泥三角、瓷坩埚、长颈漏斗。

2. 试剂

HCl 溶液(2 mol·L^{-1})，H_2SO_4 溶液(1 mol·L^{-1})，$AgNO_3$ 溶液(0.1 mol·L^{-1})。

3. 材料

紧密定量滤纸。

四、实验步骤

1. 瓷坩埚的恒重

洗净两只瓷坩埚，在 800～850 ℃的煤气灯火焰下灼烧，第一次灼烧 30 min，取出稍冷片刻，放入干燥器中冷至室温(约 30 min)，称量。第二次灼烧 15～20 min，冷至室温，再称量，如此操作直到两次称量相差不超过 0.3 mg，即已恒重。

2. 测定

准确称取 0.4～0.6 g $BaCl_2·2H_2O$ 试样两份，分别置于 250 mL 烧杯中，加入 2～3 mL 2 mol·L^{-1} HCl 溶液，盖上表面皿，加热至近沸，但勿使溶液沸腾，以防溅失。与此同时，再取1 mol·L^{-1} H_2SO_4 溶液 3～4 mL两份，分别置于两只 100 mL 小烧杯中，各加水稀释至 30 mL，加热至近沸，然后将两份热的 H_2SO_4 溶液用滴管逐滴分别滴入两份热的钡盐溶液中，并用玻璃棒不断搅拌，搅拌时玻璃棒不要碰烧杯底及内壁以免划损烧杯，致使沉淀黏附在烧杯壁上难以洗下。沉淀完毕，待溶液澄清后，于上层清液中加入 H_2SO_4 溶液 1～2 滴，以检验沉淀是否完全。如果上层清液中有浑浊出现，必须再加入 H_2SO_4 溶液，直至沉淀完全为止。盖上表面皿，玻璃棒靠在烧杯嘴边（切勿将玻璃棒拿出）。

五、数据记录与处理

将测定数据记录在下表中，计算试样中钡的质量分数。

$$w_{Ba}=\frac{m_{BaSO_4}\times\dfrac{M_{Ba}}{M_{BaSO_4}}}{m_{样}}$$

记录项目	测定次数	
	Ⅰ	Ⅱ
瓷坩埚质量 m_1/g		
（瓷坩埚＋硫酸钡）质量 m_2/g		
硫酸钡质量 m/g		
w_{Ba}		
$\overline{w}_{Ba}$		
相对平均偏差		

六、思考题

1. $BaCl_2\cdot 2H_2O$ 试样称取量 0.4～0.6 g 是怎样计算出来的？
2. 为什么试液和沉淀剂都要预先稀释，而且试液要预先加热？
3. 如何检查沉淀是否完全？
4. 以硫酸为沉淀剂沉淀钡离子时，可以过量多少？为什么？
5. 如何检查 $BaSO_4$ 沉淀已经洗净？倾滗法过滤和洗涤沉淀各有何优点？
6. 烘干和灰化滤纸时，应注意些什么？

【预习指导】

1. 实验前请认真阅读“2.8 沉淀与过滤”的有关内容，并参照本实验“数据记录与处理”的格式在实验记录本上列表，以便实验时记录。

2. 思考下列做法的原因。

(1) 沉淀完毕后，为什么要保温放置一段时间才进行过滤？

(2) 为什么要在一定酸度的盐酸介质中进行 $BaSO_4$ 沉淀？

实验 23　土壤中硫酸根离子的测定(重量分析法)

一、实验目的

1. 通过实验进一步巩固电子天平的使用。
2. 掌握重量分析法的基本操作。
3. 了解晶形沉淀的沉淀条件。

二、实验原理

在 HCl 酸性溶液中,用 $BaCl_2$ 为沉淀剂使硫酸根成为 $BaSO_4$ 晶形沉淀析出。经洗涤灼烧后称量 $BaSO_4$ 质量。$BaSO_4$ 溶解度受温度影响较小(25 ℃时 100 mL 中溶解 0.25 mg,100 ℃时为 0.4 mg),可用热水洗涤沉淀。

HCl 酸性溶液可防止 CO_3^{2-},PO_4^{3-} 等与 Ba^{2+} 生成沉淀。但酸可增大 $BaSO_4$ 的溶解度[0.1 $mol \cdot L^{-1}$ HCl 溶液中为 1 mg/(100 mL);0.5 $mol \cdot L^{-1}$ HCl 溶液中为 4.7 mg/(100 mL)],故以 0.05 $mol \cdot L^{-1}$ HCl 溶液浓度为宜。又有过量 Ba^{2+} 的同离子效应存在,所以溶解度损失可忽略不计。

Cl^-,NO_3^-,ClO_3^- 等阴离子能形成钡盐与 $BaSO_4$ 共沉淀,H^+,K^+,Na^+,Ca^{2+} 等可与 SO_4^{2-} 参与共沉淀,所以应在热的稀溶液中进行沉淀。共沉淀中的包藏水含量可达千分之几,应通过 500 ℃以上灼烧除去。灼烧时须防止滤纸碳对沉淀的还原作用,应在空气流通下灼烧并防止滤纸着火。

$$BaSO_4 + 4C \xlongequal{} BaS + 4CO\uparrow$$

三、实验用品

1. 仪器

瓷坩埚、18 号筛、马弗炉、干燥器、瓷漏斗、试剂瓶(500 mL)、电子天平、烧杯(300 mL)。

2. 试剂

HCl 溶液(1∶3),$BaCl_2$ 溶液(10%),$AgNO_3$ 溶液(0.1 $mol \cdot L^{-1}$)。

3. 材料

1 L 大口塑料袋、定量滤纸。

四、实验步骤

1. 瓷坩埚的准备

洗净坩埚,晾干,在 600～650 ℃马弗炉中灼烧,第一次灼烧 30～40 min,取出稍冷片刻,转入干燥器冷至室温后称量,然后再放入同样温度的马弗炉中进行第二次灼烧,15～20 min 后取出,稍冷后转入干燥器中冷至室温再称量,如此重复操作直至恒重为止。

2. 试样的分析

称取通过 18 号筛(1 mm 筛孔)的风干土壤试样 100 g(称准至 0.1 g),放入 1 L 大口塑料袋中，加入 500 mL 无二氧化碳蒸馏水，将塑料袋用橡皮塞塞紧，振荡 3 min，立即抽气过滤。(如果土壤试样不黏重或碱化度不高，可用平板瓷漏斗过滤，直到滤清为止；土质黏重，碱化度高的试样需用巴氏抽气过滤。)清液贮存于 500 mL 试剂瓶中，用橡皮塞塞紧备用。

吸取 50～100 mL 上述滤液于 300 mL 烧杯中，在水浴上蒸干，加 5 mL HCl 溶液，残渣再蒸干，并继续加热 1～2 h，用 2 mL HCl 溶液和 30 mL 热水洗涤，用慢速定量滤纸过滤并用热水洗涤残渣数次，弃去沉淀物(除去 SiO_2)。

滤液在烧杯中蒸发至 30～40 mL，在不断搅拌下滴加 10% $BaCl_2$ 溶液，此时有白色沉淀出现，待沉淀下沉后，在上层清液中滴加 10% $BaCl_2$ 溶液，若无沉淀产生，表示已沉淀完全；再多加2～3 mL 10% $BaCl_2$ 溶液，在水浴上继续加热 15～20 min，取下烧杯静置 2 h。用慢速定量滤纸过滤，烧杯中的沉淀用热水洗 2～3 次，转入滤纸再用水洗涤沉淀至无 Cl^- 为止。(检查方法：取滤液2 mL 加 0.1 $mol \cdot L^{-1}$ $AgNO_3$ 溶液 2 滴，不显浑浊即表示无 Cl^-。)将滤纸包移入已灼烧至恒重的瓷坩埚中，经干燥、炭化、灰化至呈灰白色。(沉淀和滤纸的干燥、炭化和灰化过程应在煤气灯或电炉上进行，灰化后方能在高温电炉或马弗炉中灼烧。)在 600～650 ℃马弗炉中灼烧 20 min，然后在干燥器中冷却 30 min，称量，再将坩埚灼烧 20 min，直至恒重(两次称量之差小于 0.3 mg)。

用相同试剂和滤纸同样处理，做空白试验，测得空白质量。

根据 $BaSO_4$ 的质量计算土样中 SO_4^{2-} 的质量分数。

五、数据记录与处理

将测定数据记录在以下表格中，根据 $BaSO_4$ 的质量计算土样中 SO_4^{2-} 的质量分数。

$$w_{SO_4^{2-}} = \frac{m_{BaSO_4} \times \frac{500\ mL}{50\ mL} \times M_{SO_4^{2-}}}{m_{样}}$$

记录项目	测定次数	
	Ⅰ	Ⅱ
瓷坩埚质量 m_1/g		
(瓷坩埚+硫酸钡)质量 m_2/g		
硫酸钡质量(粗)m_3/g		
空白质量 m_0/g		
硫酸钡质量(净)m/g		
$w_{SO_4^{2-}}$		
$\overline{w}_{SO_4^{2-}}$		
相对平均偏差		

六、思考题

1. 为什么沉淀 $BaSO_4$ 要在稀 HCl 溶液中进行？HCl 加过量对实验有何影响？

2. 为什么 $BaSO_4$ 沉淀反应需在热溶液中进行？

3. 为了使 SO_4^{2-} 沉淀完全，必须加入过量沉淀剂，为什么又不能过量太多？

【预习指导】

1. 实验前请认真阅读“2.8 沉淀与过滤”的有关内容，并参照本实验“数据记录与处理”的格式在实验记录本上列表，以便实验时记录。

2. 思考实验中为什么 $BaSO_4$ 沉淀完毕后要放置一段时间才过滤？

实验 24 可见分光光度法测定铁

一、实验目的

1. 学习比色法测定的原理与方法。
2. 了解分光光度计的性能、结构及使用方法。
3. 学习标准曲线的绘制和试样测定的方法。

二、实验原理

分光光度法可以测定多种未知物的含量，是最常见的仪器分析法，其原理基于有色溶液对光的选择性吸收，如果保持入射光强度不变，则光的吸收程度（吸光度）与溶液的浓度和液层的厚度有一定关系，即服从**朗伯－比尔定律**。实验过程通常是配制一系列标准有色溶液，在一定波长下分别测定其吸光度，绘制标准曲线。然后在同一条件下，测量待测样的吸光度，从标准曲线上求得其浓度或含量。

1,10－邻二氮菲（邻菲咯啉）是目前广泛用于测定 Fe^{2+} 的较好的显色剂，准确度高，重现性好。在 pH＝3～9 的范围内（一般控制 pH＝5～6），Fe^{2+} 与 1,10－邻二氮菲反应生成稳定的橘红色配合物。该配合物的 $\lg\beta_3=21.3$（20 ℃），摩尔吸收系数 $\kappa=1.1\times10^4\ L\cdot mol^{-1}\cdot cm^{-1}$。

如果用盐酸羟胺还原溶液中的 Fe^{3+}，则此法还可测定总铁含量。

测定时，控制溶液的 pH＝5 左右较为适宜，酸度高时，反应进行较慢，酸度太低，则 Fe^{2+} 水解，影响显色。

三、实验用品

1. 仪器

分光光度计，6 只 50 mL 容量瓶。

2. 试剂

(1) 100 μg/mL Fe^{2+} 标准溶液：准确称取 $(NH_4)_2Fe(SO_4)_2\cdot12H_2O$ 0.864 g，置于烧杯中，加入 80 mL 6 $mol\cdot L^{-1}$ HCl 溶液和少量水，溶解后，转移至 1 L 容量瓶中，以水稀释至刻度，摇匀。

(2) 10 μg/mL Fe^{2+} 标准溶液：由 100 μg/mL Fe^{2+} 标准溶液准确稀释 10 倍而成。

(3) 盐酸羟胺（10%新鲜配制，不宜久放）。

(4) 邻二氮菲水溶液（0.15%）。

(5) NaAc 溶液（1 $mol\cdot L^{-1}$）。

(6) HCl 溶液(6 mol·L^{-1})。

四、实验步骤

1. 吸收曲线的绘制

用吸量管吸取 5.0 mL 10 μg/mL Fe^{2+} 标准溶液，注入 50 mL 容量瓶中，加入 1 mL 10%盐酸羟胺溶液，摇匀，加入 5 mL 1 mol·L^{-1} NaAc 溶液，2 mL 0.15%邻二氮菲溶液，以水稀释至刻度，摇匀。用 1 cm 比色皿，以试剂溶液为参比溶液，在 440～560 nm 波长，每隔 10 nm 测一次吸光度。以波长为横坐标，吸光度为纵坐标，绘制吸收曲线。由吸收曲线选择测量铁的适宜波长。

2. 标准曲线的绘制

在 6 只 50 mL 容量瓶中，用吸量管分别加入 0.00 mL，2.00 mL，4.00 mL，6.00 mL，8.00 mL，10.00 mL 10 μg/mL Fe^{2+} 标准溶液，然后再各加入 1 mL 10%盐酸羟胺，摇匀，2 min后再加入 5 mL 1 mol·L^{-1} NaAc 溶液、2 mL 0.15%邻二氮菲水溶液，最后用蒸馏水稀释至刻度，摇匀。在所选择波长下，用 1 cm 比色皿，以试剂空白作参比溶液测其吸光度。

3. 未知试液中铁含量的测定

准确吸取适量的未知试液，按标准曲线的测定步骤，测量其吸光度。

注意：步骤 2、步骤 3 两项的溶液配制和吸光度测定宜同时进行。

五、数据记录与处理

1. 记录数据

将配制的标准系列的铁的质量浓度及实验中测得的数据填入下表。

容量瓶编号	1	2	3	4	5	6	7
移取溶液体积/mL	0.00	2.00	4.00	6.00	8.00	10.00	5.00 (未知液)
铁的质量浓度/(μg·mL^{-1})							
吸光度							

2. 绘制标准曲线

以铁的质量浓度为横坐标，相应的吸光度为纵坐标，绘制吸光度对铁含量的标准曲线。从标准曲线上查出未知液中的铁含量。如果在计算机上绘制标准曲线，即可得出标准曲线方程，将未知液的吸光度值代入方程，即可计算出未知液中的铁含量。以 1 mL 未知试液中含铁多少微克(μg)表示。

六、思考题

1. 为什么在显色前要加入盐酸羟胺？写出有关反应式。
2. 比色测定用的参比溶液应如何配制？
3. 如果试液中含有某种干扰离子，该如何处理？

【预习指导】

1. 实验前,请认真阅读“2.13 分光光度计的使用”的有关内容及所用仪器的说明书与操作规程。

2. 在预习实验内容后,在下列横线上填入适当内容。

1,10-邻二氮菲分光光度法测定微量铁的实验中,用__________作还原剂,其化学反应方程式为______________________________,用__________作显色剂,其化学反应方程式为____________________,用__________作缓冲溶液,调节溶液的 pH 为__________。

实验 25　土壤中有效磷的测定(分光光度法)

一、实验目的

1. 进一步巩固分光光度计的使用。
2. 学习分光光度法测定磷的原理和方法。

二、实验原理

酸性土壤中磷酸铁和磷酸铝形态的有效磷可用酸性氟化铵提取,形成氟铝化铵和氟铁化铵配合物,少量的钙离子生成氟化钙沉淀,磷酸根离子被提取到溶液中来。然后用磷钼蓝测定磷。该法基于在酸性介质中,磷酸与钼酸铵反应生成磷钼酸铵。当有适当的还原剂存在时,可生成蓝色的磷钼蓝。在一定的浓度范围内,颜色的深度与磷含量成正比。

三、实验用品

1. 仪器

分光光度计。

2. 试剂

(1) HCl 溶液($0.5\ mol\cdot L^{-1}$)。

(2) NH_4F 溶液($1\ mol\cdot L^{-1}$)。

(3) 提取剂:分别移取 15 mL $1\ mol\cdot L^{-1}$ NH_4F 溶液和 25 mL $0.5\ mol\cdot L^{-1}$ HCl 溶液,加入 460 mL 蒸馏水中。此即 $0.03\ mol\cdot L^{-1}$ NH_4F-$0.025\ mol\cdot L^{-1}$ HCl 溶液。

(4) H_3BO_3 溶液(10%)。

(5) 钼酸铵-盐酸溶液:溶解 15 g 钼酸铵于 300 mL 蒸馏水中,加热至 60 ℃左右,如有沉淀,将溶液过滤,待溶液冷却后,慢慢加入 350 mL $10\ mol\cdot L^{-1}$ HCl 溶液,并用玻璃棒迅速搅动,待冷却至室温,用蒸馏水稀释至 1 L,充分摇匀。贮存于棕色瓶中,此溶液为 1.5%钼酸铵的 $3.5\ mol\cdot L^{-1}$ HCl 溶液。放置时间不得超过 2 个月。

(6) 约 2.5%氯化亚锡($SnCl_2$)溶液:称取氯化亚锡 2.5 g 溶于 10 mL 浓 HCl 中,溶解后加入 990 mL 蒸馏水,混匀置于棕色瓶中,此溶液必须现用现配。

(7) 磷标准溶液:准确称取 105 ℃烘干的 KH_2PO_4(分析纯)0.219 5 g,溶解于 400 mL 水中,加浓 H_2SO_4 5 mL(防止溶液长霉菌),转入 1 L 容量瓶中,加水稀释至刻度,摇匀。此溶液质量浓度为 50 $\mu g \cdot mL^{-1}$。

准确移取上述磷标准溶液 25.00 mL 于 250 mL 容量瓶中，稀释至刻度，摇匀，即为 5 $\mu g \cdot mL^{-1}$溶液（此溶液不宜久存）。

四、实验步骤

称取风干土壤试样 1 g（精确至 0.01 g），放入 50～100 mL 小塑料袋中（或 50 mL 带塞比色管）。加入 0.03 $mol \cdot L^{-1}$ NH_4F－0.025 $mol \cdot L^{-1}$ HCl 溶液 20 mL，稍摇匀，立即放在振荡机上，振荡 30 min。用无磷干滤纸过滤，滤液承接于盛有 15 滴 10% H_3BO_3 溶液的 50 mL 锥形瓶中，摇动瓶内溶液。（加 H_3BO_3 防止 F^- 对显色的干扰和腐蚀玻璃仪器。）

准确移取滤液 5.00～10.00 mL（视含磷量而定）于 25 mL 容量瓶中，加入少量蒸馏水，准确加入 1.5%钼酸铵－HCl 溶液 5.0 mL，摇匀，加 3 滴 2.5% $SnCl_2$ 溶液，用水稀释至刻度，充分摇匀 15 min 后，在分光光度计上，以试剂为空白，用 1 cm 比色皿在 680 nm 处测其吸光度。

绘制标准曲线：

分别移取 5 $\mu g \cdot mL^{-1}$磷标准溶液 0.00 mL，1.00 mL，2.00 mL，3.00 mL，4.00 mL，5.00 mL 于 6 只 25 mL 容量瓶中，各加入 0.03 $mol \cdot L^{-1}$ NH_4F－0.025 $mol \cdot L^{-1}$ HCl 溶液 5～10 mL（按所取滤液体积而定），加钼酸铵－HCl 溶液 5.0 mL，摇匀，加 3 滴 2.5% $SnCl_2$ 溶液，用水稀释至刻度，摇匀，放置 15 min 后，与土样溶液同时显色，测其吸光度。

五、数据记录与处理

1. 记录数据

将配制的标准系列的磷质量浓度及实验中测得的数据填入下表。

容量瓶编号	1	2	3	4	5	6	7
移取溶液体积/mL	0.00	1.00	2.00	3.00	4.00	5.00	5.00～10.00（样液）
磷的质量浓度/($\mu g \cdot mL^{-1}$)							
吸光度							

2. 绘制标准曲线

以磷的质量浓度（$\mu g \cdot mL^{-1}$）为横坐标，相应的吸光度为纵坐标，绘制标准曲线。从标准曲线上查出未知液中的磷含量。

如果在计算机上绘制标准曲线，就可得出标准曲线方程，将未知液的吸光度值代入方程，即可计算出未知液中的磷含量。以 1 g 土样中含磷多少微克（μg）表示。

六、思考题

1. 土壤中有效磷的测定，为何加入提取剂？
2. 氯化亚锡放置过久，对实验有什么影响？

【预习指导】

1. 实验前,请认真阅读"2.13 分光光度计的使用"的有关内容及所用仪器的说明书与操作规程。

2. 在预习实验内容后,了解在实验中加入下列试剂的作用。

(1) 钼酸铵　(2) 氯化亚锡　(3) NH_4F　(4) HCl　(5) H_3BO_3

3.4 无机制备实验

实验 26 硫酸亚铁铵的制备

一、实验目的

1. 通过制备硫酸亚铁铵,了解制备复盐的一般方法。

2. 掌握水浴、蒸发、浓缩、减压过滤等基本操作。

二、实验原理

硫酸亚铁铵,俗称**摩尔盐**,是一种复盐[$FeSO_4 \cdot (NH_4)_2SO_4 \cdot 6H_2O$],可用以下方法制备:

$$Fe(铁屑) + H_2SO_4(稀) = FeSO_4 + H_2 \uparrow$$

$$FeSO_4 + (NH_4)_2SO_4 + 6H_2O = FeSO_4 \cdot (NH_4)_2SO_4 \cdot 6H_2O$$

在空气中亚铁盐通常都易被氧化,但生成复盐 $FeSO_4 \cdot (NH_4)_2SO_4 \cdot 6H_2O$(浅绿色晶体)后比较稳定,不易被氧化。

实验中有关盐的溶解度见表 3-9。

表 3-9 有关盐的溶解度

温度/℃	溶解度/[g·(100 g 水)$^{-1}$]		
	$(NH_4)_2SO_4$	$FeSO_4$	$FeSO_4 \cdot (NH_4)_2SO_4 \cdot 6H_2O$
10	73.0	45.17	—
20	75.4	62.11	41.36
30	78.0	82.73	—
40	81.0	110.27	62.26

三、实验用品

1. 仪器

台秤、抽滤瓶、布氏漏斗、蒸发皿、表面皿、漏斗、锥形瓶等。

2. 试剂

Na_2CO_3 溶液(10%),H_2SO_4 溶液(3 mol·L^{-1}),$(NH_4)_2SO_4$(s),HCl 溶液(3 mol·L^{-1}),

KSCN 溶液(25%)。

3. 材料

铁屑、滤纸。

四、实验步骤

1. 铁屑的净化(去油污)

用台秤称取 2.0 g 铁屑,置于锥形瓶中,加入 10% Na_2CO_3 溶液 20 mL,在水浴上加热10 min。用倾滗法除去碱液,用水将铁屑冲洗干净。

如果采用铁粉或清洁的铁片,可不进行上述净化操作。

2. 硫酸亚铁的制备

往盛有铁屑的锥形瓶中加入 10 mL 3 mol·L^{-1} H_2SO_4 溶液,盖上表面皿,在水浴上加热,使铁屑与硫酸反应至不再有气泡冒出为止。在加热过程中需不断添加水以补充失去的水分(但不要添加过多,以免后续 $FeSO_4$ 溶液太多,蒸发皿盛放不下)。趁热减压过滤,用少量热水洗涤锥形瓶及铁残渣上附着的 $FeSO_4$ 溶液,滤液转至蒸发皿中。将锥形瓶中和滤纸上的铁屑及残渣洗净,收集起来用滤纸吸干后称量。算出已反应的铁屑的量,并计算出生成的硫酸亚铁的理论产量。

3. 硫酸亚铁铵的制备

根据上面计算出的硫酸亚铁的理论产量,按 $FeSO_4$ 与$(NH_4)_2SO_4$ 的质量比为 1∶0.75 称取$(NH_4)_2SO_4$,并配制成饱和溶液(查阅手册,根据其溶解度来配制),加到硫酸亚铁溶液中(此时溶液的 pH 应接近 1,如 pH 偏大,可滴加浓 H_2SO_4 调节)。在水浴上蒸发浓缩至溶液表面出现晶体膜为止(蒸发过程中不可搅拌)。静置冷却至室温,析出浅绿色硫酸亚铁铵晶体。用倾滗法除去母液,用布氏漏斗减压过滤,用滤纸吸干晶体上残留的母液,把晶体转移到表面皿上晾干。观察晶体的颜色和形状,称量并计算产率。

4. 纯度检验

铁(Ⅲ)的限量分析:称取 1.0 g 制得的硫酸亚铁铵试样,置于 25 mL 比色管中,用 15 mL 不含氧的蒸馏水溶解。再加入 2 mL 3 mol·L^{-1} HCl 溶液和 1 mL 25% KSCN 溶液,继续以不含氧的蒸馏水稀释至 25 mL 刻度线,摇匀,所呈现的红色不得深于标准。

标准溶液(实验室配制):

一级试剂:0.05 mg

二级试剂:0.10 mg

三级试剂:0.20 mg

然后与试样同样处理,采用目视比色法,确定制备的硫酸亚铁铵的等级。

五、思考题

1. 为何要首先除去铁屑表面的油污?

2. 为什么在制备过程中溶液始终呈酸性?

3. 计算硫酸亚铁铵的产率时,应以 $FeSO_4$ 的量为准,还是以$(NH_4)_2SO_4$ 的量为准?为什么?

【预习指导】

1. 查阅资料并进行有关计算后，填写下表：

名称	摩尔质量/$g \cdot mol^{-1}$	水溶性	使用规格	投料量		理论产量
				质量(体积)/g(mL)	物质的量/mol	
铁屑						—
硫酸	—	—				—
硫酸亚铁						
硫酸铵						—
碳酸钠溶液	—	—		—	—	—
盐酸	—	—		—	—	—
硫酸亚铁铵				—	—	

2. 本实验的操作流程图如下，在方框中的空白处填上相应物质的化学式。

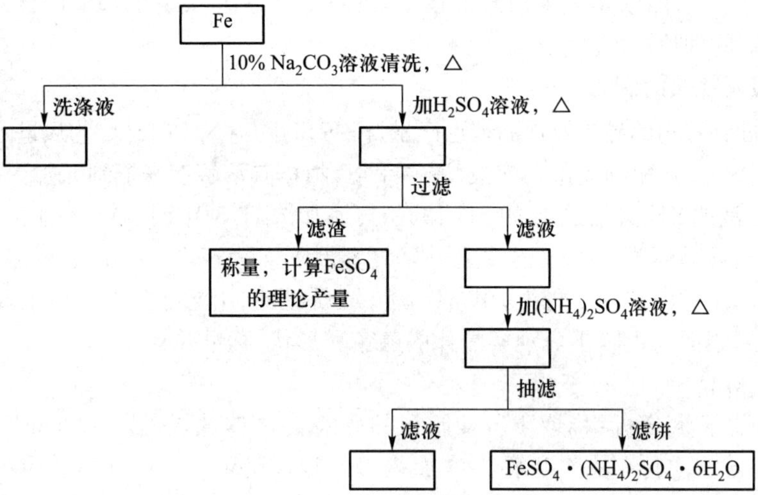

3. 实验前请认真阅读“2.4 加热与冷却”“2.7 溶解、蒸发、结晶与干燥”等有关内容。

实验 27　由废铜渣制备硫酸铜

一、实验目的

1. 了解由废铜渣制备铜盐的原理和方法。
2. 练习和掌握过滤、蒸发、结晶和干燥等基本操作。

二、实验原理

$CuSO_4 \cdot 5H_2O$ 是蓝色三斜晶体，俗称胆矾、蓝矾或铜矾，在干燥空气中会缓慢风化，150 ℃以上失去 5 个结晶水，成为白色无水硫酸铜，它具有极强的吸水性，吸水后显蓝色，可用来检验某些有机液体中是否残留有水分。

$CuSO_4 \cdot 5H_2O$ 用途广泛，是制取其他固体铜盐和含铜农药如波尔多液的基本原料，它在印染工业上用作助催化剂。

工业上制备 $CuSO_4 \cdot 5H_2O$ 有多种方法，如氧化铜酸化法是铜料或废铜在反射炉煅烧成氧化铜后与酸反应。硝酸氧化法是废铜与硫酸、硝酸反应等。

采用浓硝酸作氧化剂，铜与硫酸、浓硝酸作用制备硫酸铜，反应如下：

$$Cu + 2HNO_3 + H_2SO_4 = CuSO_4 + 2NO_2 \uparrow + 2H_2O$$

溶液中除生成硫酸铜外，还含有一定量的硝酸铜和其他一些可溶性或不溶性的杂质。不溶性杂质可过滤除去，利用硫酸铜和硝酸铜在水中溶解度的不同可将硫酸铜分离提纯。有关盐类的溶解度列于表 3-10。

表 3-10　几种铜盐的溶解度

温度/℃		0	10	20	30	40
溶解度 / $g \cdot (100\ g\ 水)^{-1}$	$CuSO_4 \cdot 5H_2O$	14.3	17.4	20.7	25.0	28.5
	$Cu(NO_3)_2 \cdot 6H_2O$	81.8	95.28	125.1	—	—
	$CuCl_2 \cdot 2H_2O$	70.7	73.76	77.0	80.34	83.8

由表 3-10 可见，硝酸铜等在水中的溶解度不论在高温或低温下都比硫酸铜大得多，因此当溶液冷却到室温时，硫酸铜首先达到过饱和而开始从溶液中结晶析出，随着温度的继续下降，硫酸铜不断从溶液中析出，这小部分的硝酸铜和其他一些可溶性杂质可再经重结晶而被除去，最后达到制得纯硫酸铜的目的。

三、实验用品

1. 仪器

台秤、离心机、水浴锅、离心试管、量筒、漏斗、表面皿、抽滤瓶、布氏漏斗、蒸发皿等。

2. 试剂

HCl 溶液（$2\ mol \cdot L^{-1}$），H_2SO_4 溶液（$3\ mol \cdot L^{-1}$），HNO_3（浓）。

3. 材料

废铜渣、滤纸。

四、实验步骤

1. 铜的提纯

称取 4.0 g 废铜渣于干净的 100 mL 烧杯中，加入 20～25 mL $2\ mol \cdot L^{-1}$ HCl 溶液，搅拌，使铜渣中的杂质与 HCl 溶液反应直至不再有气泡冒出为止。然后将烧杯中的铜分批转移到15 mL 的离心试管中，经离心后，用吸管小心地吸出上面的溶液，再添加烧杯中的剩余物，直到将铜全部转移到离心试管中为止。然后向离心试管中加入蒸馏水约 10 mL，搅拌，洗涤，离心后，再吸出上面的清液，这样反复 4～5 次后，将经过处理后的单质铜转移到干净的蒸发皿中。

2. $CuSO_4 \cdot 5H_2O$ 的制备

往盛有单质铜的蒸发皿中加入 10 mL 3 $mol \cdot L^{-1}$ H_2SO_4 溶液，然后缓慢分批加入 3 mL浓硝酸(反应过程中会产生大量有毒的 NO_2 气体，操作应在通风橱中进行)。待铜溶解后，趁热用倾滗法将溶液转移到一个小烧杯中，留下不溶性杂质，然后再将硫酸铜溶液转回洗净的蒸发皿中(如溶液无杂质，可不做此过程)。在水浴上蒸发浓缩，至溶液表面出现晶体膜为止(蒸发过程中不宜搅动)。取下放置，使溶液慢慢冷却，$CuSO_4 \cdot 5H_2O$ 即可结晶出来。用减压过滤法滤出晶体，把晶体用滤纸吸干，观察晶体的形状和颜色，称量，并计算产率。

3. 重结晶法提纯 $CuSO_4 \cdot 5H_2O$

将粗产品以每克加 1.2 mL 水的比例，溶于蒸馏水中，加热使 $CuSO_4 \cdot 5H_2O$ 完全溶解。趁热过滤，滤液收集在一个小烧杯中，让其缓慢冷却，即有晶体析出(如无晶体析出，可在水浴上再加热蒸发，使其结晶)。完全冷却后，用倾滗法除去母液，沉淀用滤纸吸干，称量，计算产率。母液回收。

五、思考题

1. 在本实验中浓硝酸起什么作用？为什么要分批加入？
2. 总结和比较倾滗法、常压过滤、减压过滤和热过滤等固液分离方法的优缺点。

【预习指导】

实验前请认真阅读“2.4 加热与冷却”“2.7 溶解、蒸发、结晶与干燥”等有关内容。

实验 28　硫代硫酸钠的制备

一、实验目的

1. 了解非水溶剂重结晶的一般原理。
2. 熟悉蒸发、浓缩、减压过滤、结晶等基本操作。
3. 掌握硫代硫酸钠合成反应原理和方法。

二、实验原理

纯硫化钠为含有不同数目结晶水的无色晶体(如 $Na_2S \cdot 5H_2O$，$Na_2S \cdot 9H_2O$)。工业硫化钠由于含有大量杂质，如重金属硫化物、煤粉等，而呈红褐色。本实验利用硫化钠能溶于热酒精的性质，使其他杂质或在趁热过滤时除去，或在冷却后硫化钠结晶析出时留在母液中除去。

用硫化钠制备硫代硫酸钠的反应大致可分为如下三步进行。

(1) Na_2CO_3 与 SO_2 中和生成 Na_2SO_3：

$$Na_2CO_3 + SO_2 = Na_2SO_3 + CO_2$$

(2) Na_2S 与 SO_2 反应生成 Na_2SO_3 和 H_2S：

$$Na_2S + SO_2 + H_2O = Na_2SO_3 + H_2S$$

H_2S 是强还原剂,遇到 SO_2 时析出 S。

(3) Na_2SO_3 与硫反应生成 $Na_2S_2O_3$:

$$Na_2SO_3 + S \xlongequal{\triangle} Na_2S_2O_3$$

总反应为

$$2Na_2S + Na_2CO_3 + 4SO_2 = 3Na_2S_2O_3 + CO_2$$

含有硫化钠和碳酸钠的溶液,用二氧化硫气体饱和,反应中碳酸钠的用量不宜过少,如用量过少,则中间产物亚硫酸钠量少,使析出的硫不能全部生成硫代硫酸钠。硫化钠和碳酸钠以 2∶1 的摩尔比取量较为适宜。反应完毕后,过滤得到硫代硫酸钠溶液,然后浓缩蒸发,冷却,析出晶体为 $Na_2S_2O_3 \cdot 5H_2O$,干燥后即为产品。

三、实验用品

1. 仪器

台秤、比色管(25 mL)、抽滤瓶。

2. 试剂

硫粉(s),Na_2SO_3(s),HCl 溶液(0.1 $mol \cdot L^{-1}$),$Na_2S_2O_3$ 溶液(0.1 $mol \cdot L^{-1}$),$BaCl_2$ 溶液(25%),乙醇。

碘溶液(0.1 $mol \cdot L^{-1}$):13 g I_2 和 35 g KI 溶于 100 mL 水中,稀释至 1 000 mL。

硫酸钾乙醇溶液:0.020 g K_2SO_4 溶于乙醇溶液(体积分数为 30%)中,再将此乙醇溶液稀释至 100 mL。

SO_4^{2-} 溶液(0.1 $mol \cdot L^{-1}$):0.148 g 无水 Na_2SO_4 溶于水,移入 1 000 mL 容量瓶中,稀释至刻度。

四、实验步骤

1. $Na_2S_2O_3$ 的制备

称取 2.0 g 硫粉,研碎后置于 100 mL 烧杯中,加 1 mL 乙醇使其润湿,再加入 6 g Na_2SO_3 和30 mL 水。加热混合物并不断搅拌,待溶液沸腾后改用小火加热,继续搅拌并保持微沸状态不少于 40 min,直至只剩下少许硫粉悬浮在溶液中(此时溶液体积不要小于 20 mL,如太少,可在反应中适当补加些水)。趁热减压过滤,将滤液转移至蒸发皿中,水浴加热,蒸发浓缩至溶液呈微黄色为止。冷却至室温(如室温较高,可用冰水浴冷却),即有大量晶体析出(如冷却时间较长而无晶体析出,可搅拌或投入一粒 $Na_2S_2O_3$ 晶体以促使晶体析出)。减压过滤,并用少量乙醇洗涤晶体,抽干后,再用吸水纸吸干。称量,计算产率。

2. 硫酸盐和亚硫酸盐的限量分析

(1) 称取 0.5 g Na_2SO_3 试样,溶于 50 mL 水。取 10 mL,滴加 0.1 $mol \cdot L^{-1}$ 碘溶液至溶液呈浅黄色,加 0.5 mL 0.1 $mol \cdot L^{-1}$ HCl 溶液酸化。

(2) 在 25 mL 比色管中,将 0.25 mL 硫酸钾乙醇溶液与 1 mL 250 $g \cdot L^{-1}$ 氯化钡溶液混合(晶种液),准确放置 1 min。加入上述已酸化的试样溶液,稀释至 25 mL,摇匀,放置 15 min。加 1 滴 0.1$mol \cdot L^{-1}$ $Na_2S_2O_3$ 溶液,摇匀后与系列 SO_4^{2-} 标准溶液进行比浊。根据浊度确定产品等级。

(3) SO_4^{2-} 标准系列溶液的配制：吸取 0.1 mol·L^{-1}的 SO_4^{2-} 溶液 0.4 mL，0.50 mL，1.00 mL 分别置于 3 支 25 mL 比色管中，稀释至 10 mL，与同体积试样溶液同时处理。这 3 支比色管中 SO_4^{2-} 的含量分别相当于优级纯、分析纯和化学纯试剂。

五、思考题

1. 要提高 $Na_2S_2O_3$ 的产率和纯度，实验中需注意哪些问题？
2. 过滤所得产品晶体为什么要用乙醇洗涤？
3. 所制备的 $Na_2S_2O_3 \cdot 5H_2O$ 晶体一般只能在 40～50 ℃烘干，温度高了，会发生什么现象？

【预习指导】

预习实验内容后，请分析一下要想本实验成功，最关键的操作是在哪几步？

3.5 综合性和设计性实验

实验 29 由铝土矿制备聚碱式氯化铝及其净水试验

一、实验目的

1. 了解聚碱式氯化铝的性质与用途。
2. 掌握制备固体聚碱式氯化铝的原理与方法。
3. 试验聚碱式氯化铝的净水作用。

二、实验原理

聚碱式氯化铝又名碱式氯化铝或聚合铝，其化学通式为$[Al_m(OH)_n(H_2O)_x] \cdot Cl_{3m-n}$($m=2\sim13, n\leqslant 3m$)。

聚碱式氯化铝易溶于水，其水解产物有强吸附力、高絮凝效果和很快的沉降速度，能除去水中的悬浮颗粒和胶状污染物，还能有效地除去水中的微生物、细菌、藻类及高毒性的重金属铬、铅等，为国内外广泛采用的水处理剂。

铝土矿中含有 30%～40%的 Al_2O_3，50%左右的 SiO_2，少于 3%的 Fe_2O_3 和少量的 K，Na，Ca，Mg 等元素。先将矿石粉碎，于 700 ℃的马弗炉内灼烧 2 h 得熟矿粉。用盐酸浸取熟矿粉，得到 $AlCl_3$ 溶液。取部分 $AlCl_3$ 溶液用氨水调至 pH=6，使之转变为 $Al(OH)_3$。再在 $Al(OH)_3$ 中加入 $AlCl_3$ 溶液使之溶解，于 60 ℃保温聚合 12 h，得到黏稠状液体。液体于 90 ℃烘箱中干燥，制得淡黄色固体即为产品。

因聚合铁也是水处理剂，因而少量 Fe 的存在不影响产品的使用效果。

三、实验用品

1. 仪器

马弗炉、磁力搅拌器。

2. 试剂

HCl 溶液(6 mol·L^{-1}),氨水(6 mol·L^{-1})。

3. 材料

铝土矿、泥土。

四、实验步骤

1. 制备 $AlCl_3$ 溶液

称取 8.0 g 熟矿粉于 100 mL 磨口锥形瓶中,加入 4 mL 水将矿粉润湿,在磁力搅拌器上加热搅拌,并逐滴加入 6 mol·L^{-1} HCl 溶液,10 min 内共加入 HCl 溶液 15 mL,并继续搅拌回流 1 h 后停止。稍冷后将反应物过滤。滤液用一已称量的 50 mL 烧杯收集,并称出 $AlCl_3$ 溶液的质量。

滤渣用 60 ℃热水洗涤三次,每次约 5 mL,洗液收集在一个 100 mL 烧杯中。

2. 制备 $Al(OH)_3$

将一半 $AlCl_3$ 溶液转移到盛洗液的 100 mL 烧杯中,再用水稀释一倍。在不断搅拌下慢慢滴入 6 mol·L^{-1} 氨水,至溶液由稠变稀,不停测量溶液的 pH,直至溶液的 pH 为 6～6.5。过滤 $Al(OH)_3$,并洗至无氨味,滤液留下回收 NH_4Cl,记下氨水的用量。

3. 制备聚碱式氯化铝

把 $Al(OH)_3$ 转移到一个 50 mL 烧杯中,并加入剩余的 $AlCl_3$ 溶液,加热搅拌,直至混合物溶解透明后,于 60 ℃保温聚合 12 h。注意不要让水汽进入烧杯中。聚合后的产品移至有柄蒸发皿中,送入烘箱中 90 ℃干燥。产品为淡黄色固体,易吸潮。称量后及时装入瓶中或放入干燥器中保存。

4. 净水效果实验

取两个 1 000 mL 烧杯,各加入 1 g 泥土,加水至 1 000 mL,搅拌均匀。在一烧杯中,用玻璃棒蘸一滴聚合好的液体产品,在烧杯中搅拌均匀,观察现象,与另一烧杯对比,记录泥水澄清所需的时间。

五、思考题

1. 由铝土矿制备聚碱式氯化铝还有哪些途径?有何优缺点?
2. 你还知道哪些水处理剂?净水效果如何?

实验 30 用离子交换法从海带中提取碘

一、实验目的

1. 学习用离子交换法从海带中提取碘的原理与方法。
2. 了解微型离子交换柱的安装和操作。
3. 巩固氧化还原反应基本理论,提高综合分析问题和解决问题的能力。

二、实验原理

海带中所含的碘一般以 I^- 状态存在,用水浸泡海带,I^- 及其可溶性有机质如褐藻糖胶等都进入浸泡液中。褐藻糖胶妨碍碘的提取，一般采用加碱的方法使其生成褐藻酸钠沉淀而除去。由于强碱性阴离子交换树脂对多碘离子 I_3^- 和 I_5^- 的交换吸附量($700\sim800\ g\cdot L^{-1}$ 树脂)远大于对 I^- 的吸附量($150\sim170\ g\cdot L^{-1}$ 树脂)，因此常将海带浸泡液中的 I^- 部分氧化，使其生成 I_3^- 和 I_5^- 后，再用树脂交换吸附。通常采用在酸性条件下加入适量氧化剂(如 Cl_2，$NaClO$，H_2O_2，$NaNO_2$ 等)的方法使 I^- 氧化成多碘离子，反应如下：

$$2I^- + 2NO_2^- + 4H^+ \longrightarrow I_2 + 2NO + 2H_2O$$

$$I_2 + I^- \longrightarrow I_3^-$$

$$R\text{—}OH + I_3^- \longrightarrow R\text{—}I_3 + OH^-$$

吸附碘达饱和的树脂呈黑红色，用适当的溶液处理树脂可以将碘洗脱下来。

本实验所用的强碱性阴离子交换树脂对不同阴离子交换选择性大小的顺序如下：

$$I_3^- > I^- > HSO_4^- > NO_3^- > Br^- > NO_2^- > Cl^- > HCO_3^- > OH^-$$

所以采用先用 Na_2SO_3 将 I_3^- 还原为 I^-，再用高浓度的 $NaNO_3$ 溶液处理的方法，将被树脂吸附的碘洗脱下来。

$$I_3^- + SO_3^{2-} + H_2O \longrightarrow 3I^- + SO_4^{2-} + 2H^+$$

$$R\text{—}I_3 + NO_3^- \longrightarrow R\text{—}NO_3 + I_3^-$$

I^- 经氧化而得 I_2，粗碘可用升华法或浓 H_2SO_4 熔融法精制。

由于强碱性阴离子交换树脂对 I_3^- 吸附能力远大于 NO_3^-，树脂不用再生即可反复使用。

三、实验用品

1. 仪器

微型离子交换柱。

2. 试剂

NaOH 溶液(40%)，H_2SO_4 溶液($6\ mol\cdot L^{-1}$)，HAc 溶液($1\ mol\cdot L^{-1}$)，$NaNO_3$ 溶液($4\ mol\cdot L^{-1}$)，$NaNO_2$ 溶液(10%)，Na_2SO_3 溶液($0.1\ mol\cdot L^{-1}$)，KI 溶液($0.1\ mol\cdot L^{-1}$)，$Na_2S_2O_3$ 溶液、淀粉溶液(0.5%)。

3. 材料

pH 试纸、乳胶管、脱脂棉、螺旋夹、烧杯、量筒、点滴板、离心试管、玻璃棒、多用滴管、玻璃滴管、717 型强碱性阴离子树脂。

四、实验步骤

1. 微型离子交换柱的制作

取 12～15 cm 长的玻璃滴管一支，将粗端扩张成喇叭口，在底部垫上一些脱脂棉，装上4～5 cm 长的乳胶管，用螺旋夹夹紧，以铁架台和试管夹垂直固定交换柱。取 1 g 干阴离子交换树脂，置于烧杯中，加水浸泡过夜，使树脂溶胀。用玻璃滴管吸取已处理过的树脂悬浊液于交换柱中，同时放松螺旋夹使交换柱中的水溶液缓缓流出，树脂即沉降至底部，尽可能使树脂装填紧密，不留气泡。在装柱和实验过程中，交换柱中的液面应始终高于树脂柱面，树脂层高 8～10 cm。

2. 海带浸泡液的制备

(1) 浸泡　取海带适量，加入 13～15 倍的水量浸泡 24 h，浸泡液碘含量约为 0.3 $g \cdot L^{-1}$。

(2) 除褐藻胶　在海带浸泡液中加入 40% NaOH 溶液，充分搅拌，控制 pH＝12 左右，用倾滗法分离，上层清液备用。

(3) 部分氧化　取澄清的海带浸泡液 100 mL，用 6 $mol \cdot L^{-1}$ H_2SO_4 溶液调节 pH＝1.5～2，用多用滴管逐滴加入 10% $NaNO_2$ 溶液，搅拌，溶液颜色由浅黄色逐渐变为棕红色即表明 I^- 已转变为多碘离子。(过量的氧化剂加入有什么影响?)

3. 交换吸附

用多用滴管将处理好的海带浸泡液注入离子交换柱中，调节螺旋夹，控制流速为每分钟10～15 滴，用 100 mL 烧杯接出流出液。流出液颜色应为淡黄色或接近无色，若流出液颜色较深，说明吸附不完全(如何检验?)，应调节流速或再循环吸附。交换吸附后的溶液可回收用以提取甘露醇。

4. 洗脱

逐滴加入 0.1 $mol \cdot L^{-1}$ 的 Na_2SO_3 溶液于离子交换柱中，控制流速为每分钟 5～8 滴，至树脂颜色由棕红色变为无色止。再取 4 $mol \cdot L^{-1}$ 的 $NaNO_3$ 溶液 20 mL，用多用滴管注入离子交换柱中，控制流速为每分钟 5～8 滴，此 $NaNO_3$ 洗脱液可收集于 50 mL 烧杯中。

5. 碘析(在通风橱中操作)

往洗脱液中加入 6 $mol \cdot L^{-1}$ H_2SO_4 溶液使之酸化，再加入 10% $NaNO_2$ 溶液使碘析出。

6. 滴定法测定碘的提取量

用一个洁净干燥的 5 mL 量筒，小心地把盛水的已拉细的多用滴管伸入量筒中，滴入水至 1.0 mL 刻度处作起点(注意不要溅湿量筒的上部筒壁)。再用该滴管吸水至吸饱 2/3 处，擦干外壁，驱出管中的空气，在滴管与桌面垂直的情况下，伸入量筒中，逐滴滴加 20 滴、40 滴、60 滴水，并记下相应的体积，求出液滴的平均体积。

用 0.1 $mol \cdot L^{-1}$KI 溶液将粗碘溶解，加入 1 $mol \cdot L^{-1}$HAc 溶液酸化。以 0.5%淀粉溶液为指示剂，用标定好液滴体积的滴管吸取已知浓度的 $Na_2S_2O_3$ 溶液，滴入碘溶液中，至蓝色刚好消失为终点，记下 $Na_2S_2O_3$ 溶液的滴数。根据 $Na_2S_2O_3$ 的用量，计算碘的产量并粗略估计碘的提取率。

五、思考题

1. 洗脱过程为什么要分两步进行?

2. 在酸性介质中将 I^- 氧化为 I_2，为什么选择 $NaNO_2$ 作氧化剂，而不用 $KClO_3$，H_2O_2 等? 是否还有其他好的氧化剂?

3. 还有其他方法和洗脱剂将碘从树脂上洗脱吗? 试设计出一种方案来。

实验 31 氧化铁纳米材料的制备

一、实验目的

1. 了解水热水解法制备纳米材料的原理与方法。
2. 加深对水解反应影响因素的认识。
3. 熟悉分光光度计、离心机、酸度计的使用。

二、实验原理

水解反应是中和反应的逆反应，是吸热反应，升温使水解反应的速率加快，反应程度增加，浓度增大对反应程度无影响，但可使反应速率加快。对金属离子的强酸盐来说，pH 增大，水解程度与速率都增大。

在化学实验中，由于金属离子的水解，常使某些试剂的配制难度增大，或者久置后变质，这时需要采取措施抑制水解。如配制 $SnCl_2$，$SbCl_3$，$BiCl_3$ 等盐溶液时不能直接用水，而要用浓盐酸溶解后再适当稀释使用。但在科研中经常利用水解反应来进行物质的分离、鉴定和提纯，许多高纯度的金属氧化物，如 Bi_2O_3，Al_2O_3，Fe_2O_3 等都是通过水解沉淀来提纯的。

纳米材料是指晶粒和晶界等显微结构能达到纳米级尺度水平的材料，是材料科学的一个主要发展方向，纳米材料由于粒径很小，比表面积很大，表面原子数会超过体原子数。因此纳米材料常表现出与本体材料不同的性质。在保持原有物质化学性质的基础上，呈现出热力学上的不稳定性。如纳米材料可大大降低陶瓷烧结及反应的温度，明显提高催化剂的催化活性、气敏材料的气敏活性和磁记录材料的信息存储量。

氧化物纳米材料的制备方法很多，有化学沉淀法、热分解法、固相反应法、溶胶-凝胶法、气相沉积法、水解法等。水热水解法是较新的制备方法，它通过控制一定的温度和 pH 条件，使一定浓度的金属盐水解，生成氢氧化物或氧化物沉淀。若条件适当可得到颗粒均匀的多晶态溶胶，其颗粒尺寸在纳米级，对提高气敏材料的灵敏度和稳定性有利。

为了得到稳定的多晶溶胶，可降低金属离子的浓度，也可用配位剂控制金属离子的浓度，如加入 EDTA，可适当增大金属离子的浓度，制得更多的沉淀，同时对产物的晶形也有影响。若水解后，生成沉淀，说明成核不同步，可能是玻璃仪器未清洗干净，或者是水解液浓度过大，或者是水解时间太长。此时的沉淀颗粒尺寸不均匀，粒径也比较大。

$FeCl_3$ 水解过程中，由于 Fe^{3+} 转化为 Fe_2O_3，溶液的颜色发生变化，随着时间增加，Fe^{3+} 量逐渐减小，Fe_2O_3 粒径也逐渐增大，溶液颜色也趋于一个稳定值，可用分光光度计进行动态监测。

本实验以 $FeCl_3$ 为例，检验 $FeCl_3$ 的浓度、溶液的温度、反应时间与 pH 对水解反应的影响。

三、实验用品

1. 仪器

台式烘箱、分光光度计、医用高速离心机、酸度计、多用滴管、具塞锥形瓶(20 mL)、容量瓶(50 mL)、离心试管、吸管(5 mL)。

2. 试剂

$FeCl_3$ 溶液($1.0\ mol\cdot L^{-1}$),HCl 溶液($1.0\ mol\cdot L^{-1}$),EDTA 溶液($1.0\ mol\cdot L^{-1}$),$(NH_4)_2SO_4$ 溶液($1.0\ mol\cdot L^{-1}$)。

四、实验步骤

1. 玻璃仪器的清洗

实验中所用的一切玻璃器皿均需严格清洗。先用铬酸洗液洗,再用去离子水冲洗干净。然后烘干备用。(该步骤可由实验指导教师完成。)

2. 水解温度的选择

根据文献和实验时间,本实验选定 105 ℃为水解温度,有兴趣的同学可做 95 ℃,80 ℃的对照实验。

3. 水解时间的影响

按 $1.8\times10^{-2}\ mol\cdot L^{-1}$ $FeCl_3$ 溶液、$8.0\times10^{-4}\ mol\cdot L^{-1}$ EDTA 溶液的要求配制 20 mL 水解液,通过多用滴管加入 $1\ mol\cdot L^{-1}$ HCl 溶液,用酸度计调节溶液的 pH 为 1.3,置于 20 mL 具塞锥形瓶中,放入 105 ℃的烘箱中,观察水解前后水解液的变化。每隔 30 min 取样 2 mL,于 550 nm 处观察水解液吸光度的变化,直到吸光度基本不变,观察到橘红色溶胶为止,绘制 $A-t$ 图。约需读数 6 次。

4. 水解液 pH 的影响

改变上述水解液的 pH,分别为 1.0,1.5,2.0,2.5,3.0,用分光光度计观察水解 pH 的影响,绘制 pH$-t$ 图。

5. 水解液中 Fe^{3+} 浓度的影响

改变步骤 3 中水解液的 Fe^{3+} 浓度,分别为 $2.5\times10^{-2}\ mol\cdot L^{-1}$,$5\times10^{-3}\ mol\cdot L^{-1}$,$1.0\times10^{-2}\ mol\cdot L^{-1}$,用分光光度计观察水解液中 Fe^{3+} 浓度对水解的影响,绘制 $A-t$ 图。

6. 沉淀的分离

取上述水解液 2 份,迅速用冷水冷却,一份用高速离心机离心分离,一份加入 $(NH_4)_2SO_4$ 溶液使溶胶沉淀后用普通离心机离心分离。沉淀用去离子水洗至无 Cl^- 为止(怎样检验?)。比较两种分离方法的效率。

五、思考题

1. 影响水解的因素有哪些?如何影响?
2. 水解器皿在使用前为何要清洗干净,若清洗不干净会有何影响?
3. 如何精密控制水解液的 pH?为什么可用分光光度计监控水解程度?
4. 氧化铁溶胶的分离有哪些方法?哪种效果较好?

实验 32 矿物成分分析

一、试样准备

先用锤子在一块钢板上将大块矿物试样打碎为 30 mm 左右的小块,再在小型破碎机中破碎至直径约 5 mm 的小块。用四分法缩分到 40～50 g，再用钢研钵粉碎到直径小于 2 mm，再用四分法缩分到 10～15 g，继续用钢研钵研细至全部通过 100 目筛，用磁力 10～15 kN 的磁铁吸出粉碎中带入的铁质。然后装入试样袋中，在 105～110 ℃烘箱中烘干 1 h，取出放入干燥器中，冷却，备用。

细于 100 目粒度的试样，用四分法缩分到 15～20 g，装入试样袋中，烘干，备用。

二、分析试液的制备

准确称取试样 0.500 0 g 于铂坩埚中，加入 3 g 混合熔剂，搅拌均匀后，再加上混合熔剂 1 g。加盖，将坩埚送入高温炉中于 980～1 100 ℃熔融 2 h，取出。旋转坩埚，使熔融物附于坩埚内壁上。冷却后以水洗净坩埚外壁，放入已盛有 100 mL 近沸 15∶85 盐酸的 250 mL 烧杯中。盖上表面皿，于沙浴上加热浸取。用水洗出坩埚盖，浸取液移入 250 mL 容量瓶中。冷却后，以水稀释至刻度摇匀，备用。

三、二氧化硅的测定——硅钼蓝比色法

1. 方法原理

在 0.08 mol·L^{-1}的盐酸介质中，硅酸与钼酸生成黄色的硅钼配合物，再用还原剂将其还原为硅钼蓝。用比色法测定，反应为

$$H_4SiO_4 + 12H_2MoO_4 = H_8[Si(Mo_2O_7)_6] + 10H_2O$$

$$H_8[Si(Mo_2O_7)_6] + [\text{还原剂}] + H^+ \longrightarrow H_8[\overset{\nearrow Mo_2O_5}{Si}—(Mo_2O_7)_5] + [\text{氧化剂}] + H_2O$$

2. 试剂

(1) 硼砂-碳酸钠混合熔剂(2∶1)。

(2) 盐酸(15∶85)。

(3) 5%钼酸铵溶液：溶解 1 g 钼酸铵于水中，以水溶解并稀释至 20 mL(约 20 g)，放置 24 h 后过滤使用，如若出现沉淀，即应停止使用。

(4) 5%酒石酸溶液：称取酒石酸 5 g 于水中，以水溶解并稀释至 100 mL(约 100 g)。

(5) 1,2,4-酸还原剂溶液：溶解 1,2,4-酸(1-氨基-2-萘酚-4-磺酸)0.15 g，无水亚硫酸钠 0.7 g，亚硫酸氢钠 9 g，以水稀释至 100 mL，储存于塑料瓶中。该溶液一般可使用两周，若超过两周应停止使用。

(6) SiO_2 标准溶液：准确称取经 980～1 000 ℃灼烧过 1 h 的 SiO_2(基准试剂)0.100 0 g 于铂坩埚中，加入无水碳酸钠(基准试剂)2 g，仔细混匀，在 860～900 ℃的高温炉中熔融 20 min 取出，旋转坩埚，使熔融物附于坩埚内壁上，冷却，洗净外壁。在聚乙烯烧杯中，用热水浸出，冷却并转入 1 000 mL 容量瓶中，用水稀释至刻度，摇匀后，立即移入干净并干燥过的塑料瓶中贮存，此溶液每毫升含 SiO_2 0.1 mg。

吸取贮备液 100.00 mL 于预先盛有 10 mL 2 mol·L^{-1} HCl 溶液的 200 mL 容量瓶中，以水稀释至刻度，摇匀，即为 SiO_2 标准溶液(0.05 mg·mL^{-1})。

(7) 空白溶液：取 4 g 混合熔剂于铂坩埚中，在 950 ℃的高温炉中熔融 20 min 取出，

冷却。洗净坩埚外壁，以 15∶85 盐酸加热浸出，移入 250 mL 容量瓶中。冷却后以水稀释至刻度，摇匀备用。

3. 标准曲线的绘制

吸取空白溶液 2.5 mL 共 5 份，分别放入 5 只 50 mL 容量瓶中，用 5 mL 刻度吸量管依次加入 SiO_2 标准溶液 0.00 mL，0.50 mL，1.00 mL，2.00 mL，4.00 mL(即 w_{SiO_2} 为 0.00%、0.50%，1.00%，2.00%，4.00%)，加 5%钼酸铵溶液 2.5 mL，摇匀，放置使其显色完全(室温 15 ℃以上放置 10 min，低于 15 ℃应先调至 15 ℃后显色)。加 5%酒石酸溶液 10 mL，1，2，4-酸还原剂溶液 1.5 mL，摇匀，放置 20 min。以水稀释至刻度，摇匀，在分光光度计上以空白溶液作参比，用 1 cm 比色皿，于 700 nm 处，测定其吸光度，绘制标准曲线。

4. 操作步骤

加分析试液 2.50 mL 于 50 mL 容量瓶中，加 5%钼酸铵溶液 2.5 mL。按标准曲线绘制的操作，测定其吸光度值，从标准曲线上求出 SiO_2 含量。

四、三氧化二铁的测定——磺基水杨酸光度法

1. 方法原理

在氨性溶液中(pH=8～11.5)，三价铁离子与磺基水杨酸反应生成黄色的磺基水杨酸铁配合物。可用分光光度法分析其含量。

2. 试剂

(1) 磺基水杨酸(15%)。

(2) 氨水(1∶1)。

(3) Fe_2O_3 标准溶液($0.25\ mg\cdot mL^{-1}$)：准确称取 110 ℃烘干 2 h 的 Fe_2O_2(基准试剂)0.062 5 g 于 50 mL 烧杯中，加 1∶1 HCl 溶液 10 mL，加热溶解，冷却后移入 250 mL 容量瓶中，以水稀释至刻度，摇匀，备用。

3. 标准曲线的绘制

吸取空白溶液 25 mL(共 5 份)，分别放入 5 个 50 mL 容量瓶中，用刻度吸量管依次加入 Fe_2O_3 标准溶液：0.00 mL，0.50 mL，1.00 mL，1.50 mL，2.00 mL(即 $w_{Fe_2O_3}$ 为 0.00，0.25，0.50，0.75，1.00)。按试样操作方法显色，测定其吸光度值，绘制标准曲线。

4. 操作步骤

吸取分析液 25.00 mL 于 50 mL 容量瓶中，加 15%磺基水杨酸溶液 5 mL，加入 1∶1 氨水3 mL，以水稀释至刻度，摇匀。以空白作参比，1 cm 的比色皿，波长 430 nm 处测定其吸光度，在标准曲线上查出 Fe_2O_3 的质量分数。

5. 注意事项

(1) 三价铁离子与磺基水杨酸形成的黄色配合物受酸度的影响较大。当 pH<8 时，其颜色为紫红色或褐色；而 pH>12 时，黄色开始被破坏，故应控制其酸度在 pH=8～11.5，使其生成稳定的黄色配合物。

(2) 铝、钙、镁也能和磺基水杨酸生成无色配合物，故应加入过量的磺基水杨酸。

(3) 当加入氨水时，若有氢氧化物沉淀析出而出现浑浊时，表明磺基水杨酸的加入量

不够,可加磺基水杨酸使之清亮后,再加氨水。

五、二氧化钛的测定

1. 方法原理

四价钛在 0.75～1.75 mol·L^{-1} H_2SO_4 溶液中,与过氧化氢生成$[TiO(H_2O_2)]^{2+}$的黄褐色配离子,可借以进行光度分析,其反应如下:

$$TiO^{2+} + H_2O_2 \longrightarrow [TiO(H_2O_2)]^{2+}$$

此配离子在波长 420～430 nm 处有吸收峰,当 TiO_2 含量为 0.03 mg·mL^{-1}以上时,符合比尔定律。

三价铁离子的干扰可加入磷酸使其生成无色的$[Fe(PO_4)_2]^{3-}$配离子而消除。

2. 试剂

(1) 磷酸-硫酸混合酸:取 73 mL 蒸馏水放入 100 mL 烧杯中,在搅拌下慢慢加入 2 mL磷酸,冷却后,在不断搅拌下,慢慢加入硫酸 25 mL,冷却后备用。

(2) 3%过氧化氢溶液:取 30%过氧化氢 3 mL,以水稀释至 30 mL。此溶液应现用现配。

(3) TiO_2 标准溶液:准确称取经 980～1 000 ℃灼烧 1 h 后的 TiO_2(基准试剂)0.062 5 g 于 50 mL 烧杯中,加硫酸铵 4 g,硫酸 8 mL,加盖表面皿于电炉上加热至完全溶解。待完全冷却后,在搅拌下缓慢注入另一预先盛有 50 mL 水的 100 mL 烧杯中,冷却后,移入 250 mL 容量瓶中,用时稀释至刻度,摇匀,即为标准溶液(含 TiO_2 0.25 mg·mL^{-1})。

(4) 空白溶液:同测硅。

3. 标准曲线的绘制

分别取 6 只 50 mL 容量瓶,用吸量管依次加入 TiO_2 标准溶液 0.00 mL,0.50 mL,1.00 mL,2.00 mL,4.00 mL,6.00 mL(即 w_{TiO_2} 为 0.00%,0.25%,0.50%,1.00%,2.00%,3.00%)。用移液管加入磷酸-硫酸混合酸 10 mL,摇匀,加 3% H_2O_2 3 mL,以水稀释至刻度,摇匀。在分光光度计以空白作参比溶液,用 2 cm 的比色皿,于波长 420 nm 处测定其吸光度值,绘制标准曲线。

4. 操作步骤

吸取分析试液 25.00 mL 于 50 mL 容量瓶中,用移液管加入磷酸-硫酸混合酸 10.0 mL,按标准曲线与之相同的操作,测定其吸光度值,在标准曲线上求出 TiO_2 的质量分数。

六、三氧化二铝的测定

1. 方法原理

在弱酸性溶液中,三价铝离子与 EDTA 生成中等强度的配合物。

$$Al^{3+} + H_2Y^{2-} \longrightarrow AlY^{-} + 2H^{+}$$

此反应进行缓慢,不能直接用于滴定,需采用返滴定法。即先加入过量的 EDTA 标准溶液,调整 pH=2.3～3.0,加热使三价铝离子与 EDTA 完全配位,再调整 pH=5～6。以二甲酚橙为指示剂,用锌盐标准溶液滴定过量的 EDTA,至溶液由黄色变为橙色为终点。

计算出 Al_2O_3 的含量。

$$Zn^{2+} + H_2Y^{2-} \longrightarrow ZnY^{2-} + 2H^+$$

$$Zn^{2+} + H_6XO \longrightarrow ZnXO^{4-} + 6H^+$$

（黄色）　　（红色）

三价铁离子及四价钛离子、锆离子在此条件下，也一起被测定，需在计算时扣除。

2. 试剂

(1) 氨水(1∶1)。

(2) 盐酸(1∶1)。

(3) 甲基橙指示剂(0.05%)。

(4) 六亚甲基四胺溶液(15%)。

(5) 二甲酚橙指示剂(0.5%)。

(6) EDTA 标准溶液($0.05\ mol\cdot L^{-1}$)：称取 EDTA 3.7 g 于 100 mL 烧杯中，加水 50 mL，低温加热溶解。冷却后，转移到 500 mL 试剂瓶中，以水稀释至 200 mL，摇匀，并标定出准确浓度。

(7) $ZnSO_4$ 标准溶液($0.025\ mol\cdot L^{-1}$)：称取 $ZnSO_4$($ZnSO_4\cdot 7H_2O$)0.72 g 于 100 mL 烧杯中，加水 50 mL 搅拌溶解，移入 100 mL 容量瓶中，以水稀释至刻度，摇匀，备用。用 EDTA 标准溶液标定出准确浓度。

3. 操作步骤

吸取分析试液 10.00 mL 于 250 mL 锥形瓶中，加水 20 mL，EDTA 标准溶液 20 mL，摇匀，加甲基橙指示剂 1 滴。用 1∶1 氨水调至黄色，再用 1∶1 盐酸调至刚微红色，并过量 2 滴。以水吹洗瓶壁。加热微沸 3 min，以流水冷却至室温，加 15% 六亚甲基四胺溶液 5 mL，0.5%二甲酚橙指示剂 1 滴。用 $ZnSO_4$ 标准溶液滴至由黄色变为微橙红色为终点。按下式计算 Al_2O_3 的质量分数。

$$w_{Al_2O_3} = \frac{(V_1k - V_2)\times T_{Al_2O_3}}{m} - w_{Fe_2O_3}\times 0.6383 - w_{TiO_2}\times 0.6381 - w_{ZrO_2}\times 0.4136$$

式中，V_1——加入 EDTA 标准溶液的体积，mL；

V_2——滴定时消耗 $ZnSO_4$ 标准溶液的体积，mL；

k——1 mL EDTA 标准溶液相当于 $ZnSO_4$ 标准溶液的体积(mL)；

$T_{Al_2O_3}$——$ZnSO_4$ 标准溶液对 Al_2O_3 的滴定度，$g\cdot mL^{-1}$；

m——待测试样的质量，g；

0.638 3——三氧化二铁换算成三氧化二铝的系数；

0.638 1——二氧化钛换算成三氧化二铝的系数；

0.413 6——二氧化锆换算成三氧化二铝的系数。

4. 注意事项

(1) 因 Al_2O_3 含量较高，在煮沸时勿使溶液溅出，每次加溶液后应以水吹洗瓶内壁，滴加标准溶液时要掌握滴定速度一致，勿时快时慢，以保证分析质量。

(2) 滴定时溶液温度应控制在 30～35 ℃为宜。

(3) 加入 0.05%甲基橙指示剂不能超过 2 滴，否则影响滴定终点的观察。

七、氧化钙的测定

1. 方法原理

在 pH=8～13 的溶液中，钙离子能与 EDTA 定量配合成无色的配合物：

$$Ca^{2+}+H_2Y^{2-} \longrightarrow 2H^{+}+CaY^{2-}$$

在 pH=13 时，钙离子与钙指示剂反应生成红色配合物：

$$Ca^{2+}+HIn^{2-} \longrightarrow CaIn^{-}+H^{+}$$

其中钙离子能被 EDTA 夺取，而游离出指示剂，呈现蓝色。以此指示终点，可以测定钙含量。

$$\underset{(紫红色)}{CaIn^{-}}+H_2Y^{2-} \longrightarrow CaY^{2-}+\underset{(蓝色)}{HIn^{2-}}+H^{+}$$

用六亚甲基四胺－铜试剂将钙、镁离子与大部分金属离子分离后，调节 pH 至 13，以钙试剂羧酸盐为指示剂，用 EDTA 标准溶液滴定钙。此时少量的镁离子形成 $[Mg(OH)]^{+}$ 或 $Mg(OH)_2$ 沉淀，不与 EDTA 作用，故不干扰测定。

2. 试剂

硼砂－碳酸钠混合熔剂(2∶1)、盐酸(1∶1，15∶85)、氢氧化钠(固体)、无水碳酸钠(固体)、2%氢氧化钠洗液、0.1%甲基橙指示剂、15%六亚甲基四胺溶液、铜试剂、20%氢氧化钠溶液、钙试剂羧酸钠指示剂(1∶100)，0.01 $mol·L^{-1}$ EDTA 标准溶液。

3. 试液的制备

准确称取试样 0.500 0 g 于铂坩埚中，加 3 g 混合熔剂搅拌均匀后，再盖上混合熔剂 1 g，加盖。将坩埚送入高温炉中，于 980～1 100 ℃熔融 1 h，取出，旋转坩埚使熔融物附于坩埚内壁上。冷却后洗净坩埚外壁，置坩埚于 300 mL 烧杯中，用 100 mL 水于沙浴上加热浸出，洗出坩埚及盖后，加无水碳酸钠 1 g，氢氧化钠 2 g，于沙浴上加热微沸 20 min，稍冷，用快速定量滤纸过滤。用温的 2%氢氧化钠洗液洗涤 3～4 次，弃去溶液。沉淀用 5%热盐酸溶解于 250 mL 容量瓶中，并用 5%热盐酸洗净烧杯及滤纸，加 0.1%甲基红指示剂 1 滴，用 1∶1 氨水调至黄色，再用 1∶1 盐酸调至红色并过量 2 滴，加 15%六亚甲基四胺溶液 5 mL，摇匀。冷却后，加铜试剂 0.1 g，以水稀释至刻度，充分摇匀。待沉淀凝聚后，以快速滤纸过滤于烧杯中，供测 CaO 和 MgO 用。

4. 操作步骤

移取制备的试液 100 mL 于 250 mL 锥形瓶中，加 0.01 $mol·L^{-1}$ 镁溶液 2 mL，加 20%氢氧化钠溶液 10 mL，摇匀，放置 1～2 min。加少量钙试剂羧酸钠盐指示剂，摇匀。用 0.01 $mol·L^{-1}$ EDTA 标准溶液，缓慢滴定至蓝色为终点，并在相同条件下做空白试验。

按下式计算 CaO 的质量分数：

$$w_{CaO}=\frac{V\times T_{CaO}}{m}$$

式中，V——滴定时消耗 EDTA 标准溶液的体积，mL(已减去空白值)；

T_{CaO}——EDTA 标准溶液对氧化钙的滴定度，$g \cdot mL^{-1}$；

m——待测试样的质量，g。

八、氧化镁的测定

1. 方法原理

在 pH＝8～10 的溶液中，钙、镁离子能与 EDTA 定量生成无色配合物：

$$Mg^{2+} + H_2Y^{2-} \longrightarrow MgY^{2-} + 2H^+$$

在 pH＝10 的氨性溶液中，钙、镁离子能与铬黑 T 指示剂生成紫红色配合物：

$$Mg^{2+} + H_2Y^{2-} \longrightarrow MgY^{2-} + 2H^+$$

$$\underset{\text{(紫红色)}}{MgIn^-} + H_2Y^{2-} \longrightarrow MgY^{2-} + \underset{\text{(蓝色)}}{HIn^{2-}} + H^+$$

用六亚甲基四胺－铜试剂将钙、镁离子与大部分金属离子分离后，调节 pH 至 10，以铬黑 T 作指示剂，用 EDTA 标准溶液滴定钙、镁含量，减去钙含量后，即得镁含量。

2. 试剂

(1) 氨－氯化铵缓冲溶液(pH＝10)：称取氯化铵 67.5 g 溶于 250 mL 水中，加氨水 57 mL，以水稀释到 100 mL。

(2) 铬黑 T 作指示剂(1∶100)：称取 0.5 g 铬黑 T 与氯化钠 50 g 研细混匀。

(3) EDTA 标准溶液($0.01\ mol \cdot L^{-1}$)。

3. 操作步骤

吸取上述制备的试液 100 mL，于 250 mL 锥形瓶中，加氨－氯化铵缓冲溶液 10 mL，加少量铬黑 T 作指示剂，摇匀。以 $0.01\ mol \cdot L^{-1}$ EDTA 标准溶液滴至蓝色为终点，此为钙、镁含量。在相同条件下做空白试验。

按下式计算 MgO 的质量分数：

$$w_{MgO} = \frac{(V_1 - V) \times T_{MgO}}{m}$$

式中，V——滴定时钙消耗 EDTA 标准溶液的体积(已减去空白值)，mL；

V_1——滴定钙、镁时消耗 EDTA 标准溶液的体积(已减去空白值)，mL；

T_{MgO}——EDTA 标准溶液对氧化镁的滴定度，$g \cdot mL^{-1}$；

m——待测试样的质量，g。

4. 注意事项

(1) 滴定钙时加氢氧化钠后应摇动并放置 1～2 min，使氢氧化镁沉淀后再滴，否则会使结果偏高。

(2) 有些矿石的钙、镁含量较低(小于 1%)，这时可不做氧化钙和氧化镁的测定。

实验操作技能量化考核标准

(一) 移液管操作考查

评分要素	分值	评分标准	扣分	得分	备注
左右手	2	以左手持洗耳球,右手手指拿住移液管标线以上的地方			
润洗	3	吸入液体约1/3,移去洗耳球,同时用右手食指按住管口,把管横过来,左手扶住管的下端,慢慢松开右手食指,一边转动移液管,一边使管口降低,让溶液布满全管,最后溶液从下口放出弃去。润洗3次			
溶液液面	1	将移液管插入溶液液面下1~2 cm			
吸	2	将洗耳球紧接在移液管口上,并应使移液管尖随液面下降而下降			
调	3	管内液面上升至标线稍高位置时,迅速移去移液管,右手食指按住管口,将移液管向上提,离开液面,管下端紧靠容器内壁,轻轻摆动。容器倾斜45°,移液管垂直,稍微放松右手食指,液面缓慢下降			
定	3	溶液的弯月面与标线相切时(眼睛与移液管的标线应处在同一水平位置上),立刻用食指按住管口,使溶液不再流出			
放	4	取出移液管,左手拿接收器,将接收器倾斜,移液管放入接收器中,使管尖与容器内壁紧贴成45°左右,移液管垂直,松开右手食指,使溶液自由地沿壁流下			
静置	2	液面下降到管尖后,再等待15 s			
转	1	15 s后,将管身往左右旋转一下			

(二) 滴定操作考查

评分要素	分值	评分标准	扣分	得分	备注
检查清洗	1	滴定管不太脏的,洗涤剂冲洗;太脏的,用铬酸洗液浸泡洗涤,洗净的滴定管内壁应完全被水均匀润湿,不挂水珠			
检漏	2	在滴定管内装满蒸馏水至刻度线以上,把滴定管垂直夹在滴定台上,观察。再将旋塞转动 180°,再观察			
润洗	2	试剂瓶中的溶液摇匀后,倒入滴定管中 10 mL左右,两手平端滴定管,慢慢转动,使溶液润洗全管,打开旋塞,使溶液从下端流出,润洗 3 次			
装溶液	1	将溶液装入滴定管,直到充满"0"刻度上为止			
排气泡	2	右手拿滴定管上部无刻度处,左手拿住下端,滴定管倾斜 30°,左手迅速打开旋塞使溶液冲出			
调零	2	装满溶液后,等 1～2 min,滴定管垂直,下接烧杯,轻轻转动旋塞,缓慢调节液面至"0"刻度			
滴定	6	左手无名指和小指向手心弯曲,轻轻贴着滴定管,用其余三指控制旋塞转动,不能向外拉旋塞,也不能过分往里扣。右手前三指拿住锥形瓶瓶颈,其余两指辅助,瓶底离滴定台高 2～3 cm,滴定管下端伸入瓶口约 1 cm			
摇锥形瓶	2	使溶液向同一方向做圆周运动,瓶口不能接触滴定管,溶液不能溅出			
滴定速度	3	"见滴成线"速度,不能流成水流。接近终点时,放缓速度,加一滴,摇几下			
半滴处理	2	液滴悬而不落,用锥形瓶内壁将其沾落,再用洗瓶以少量蒸馏水吹洗瓶壁			
终点控制	3	每加半滴,摇动锥形瓶,直到溶液出现明显颜色变化,立即关闭旋塞			
读数	4	管尖不能有水珠,将滴定管从滴定管架上取下,用右手大拇指和食指捏住滴定管上部无刻度处,其他手指辅助,使滴定管保持垂直			
姿势	3	运用腕力摇动锥形瓶,边滴边摇动,使溶液随时混合均匀,两手协调自如,眼睛不能看滴定管上部的体积			

（三）容量瓶操作考查

评分要素	分值	评分标准	扣分	得分	备注
搅拌	1	手持玻璃棒并转动手腕，玻璃棒在液体中均匀地转圈，转速不能太快，不要使玻璃棒碰到烧杯底部或器壁发生响声或打破容器			
转移	2	玻璃棒插入容量瓶中，玻璃棒下端靠近瓶颈内壁，上部不要碰瓶口，烧杯口紧靠玻璃棒，使溶液沿玻璃棒和内壁慢慢流入容量瓶中			
上提	3	烧杯沿玻璃棒稍向上提，同时使烧杯直立，使附着在烧杯口的一滴溶液流回烧杯中			
玻璃棒放置	2	玻璃棒放回烧杯中			
吹洗	4	用洗瓶吹洗玻璃棒和烧杯内壁 5 次以上，洗涤液也移入容量瓶中			
初步混匀	2	加蒸馏水至容量瓶的 3/4 时，用手将容量瓶拿起，按水平方向旋摇几周			
定容	3	加蒸馏水至距离标线 1 cm 处，等 1～2 min，用细长滴管（或洗瓶）滴加蒸馏水至弯月面下沿与标线相切			
混匀	3	盖上瓶塞，用左手食指按住瓶塞，右手指尖托住瓶底边缘，将容量瓶倒置并摇荡，再倒转过来，使气泡上升到顶，如此反复 10 次左右，放正容量瓶，打开瓶塞，使瓶塞周围溶液流下，重新盖好瓶塞，再倒转振荡 3～5 次			

（四）分析天平称量操作考查

评分要素	分值	评分标准	扣分	得分	备注
放好天平罩	1	取下天平罩，折叠好放在天平框罩上或天平的后方			
调水平	1	查看天平后面的水平泡，如气泡不在圆圈的中心，则需调节天平下的水平调节脚（或螺丝），使水平泡在圆圈内。此后不能随便移动天平			
清洁	1	用软毛刷轻轻扫净天平盘和底板			
调零	1	单击“on”键，如不在零点，单击“tare”键			

续表

评分要素	分值	评分标准	扣分	得分	备注
取试样	3	用干净纸条套住称量瓶，左手拿住纸条的尾部，把称量瓶放到天平盘的正中位置			
减量称量	6	记录称量瓶质量，左手仍用纸条将称量瓶从天平盘上取下，拿到接收器上方，右手用纸片夹住瓶盖并打开瓶盖，瓶盖不能离开接收器上方。将瓶身慢慢向下倾斜，一边用瓶盖轻轻敲击瓶口边沿，一边转动称量瓶使试样落入容器中。接近所需量时，一边继续用瓶盖轻敲瓶口，一边逐渐将瓶身竖直，使沾在瓶口的试样落入瓶中，盖好瓶盖，再将称量瓶放回天平盘，取出纸带，再称其质量。两次称量之差即为倒入接收器的试样质量			
数据记录	1	数据记录在预习本的相应位置上，并计算试样质量是否达到要求			
登记	1	称量完毕，在记录本上登记好			
复原	1	关闭电源，放好干燥剂，关好天平门，罩好天平罩			
时间和称量范围	4	在规定时间内，称取的试样质量在规定的范围内			

参考文献

references

[1] 南京大学《无机及分析化学实验》编写组.无机及分析化学实验[M].4版.北京:高等教育出版社,2006.

[2] 周宁怀.微型无机化学实验[M].北京:科学出版社,2000.

[3] 王载兴.无机化学实验[M].北京:高等教育出版社,1995.

[4] 周其镇,方国女,樊行雪.大学基础化学实验[M].北京:化学工业出版社,2000.

[5] 张锦柱.分析化学实验教程[M].重庆:重庆大学出版社,1998.

[6] 谢国梅.分析化学实验[M].杭州:浙江大学出版社,1993.

[7] 成都科学技术大学分析化学教研室,浙江大学分析化学教研组.分析化学实验[M].北京:高等教育出版社,1989.

[8] 古凤才,肖衍繁.基础化学实验教程[M].北京:科学出版社,2000.

[9] 徐勉懿,方国春,潘祖亭,等.无机及分析化学实验[M].武汉:武汉大学出版社,1991.

[10] 陈烨璞.无机及分析化学实验[M].北京:化学工业出版社,1998.

[11] 徐甲强,孙淑香.无机及分析化学实验[M].北京:海洋出版社,1999.

[12] 孙毓庆.分析化学实验[M].北京:人民卫生出版社,1994.

[13] 索陇宁.化学实验技术[M].北京:高等教育出版社,2006.

[14] 初玉霞.化学实验技术[M].北京:高等教育出版社,2006.

[15] 陈宏.常用分析仪器使用与维护[M].北京:高等教育出版社,2006.

[16] 宗汉兴,毛红雷.基础化学实验[M].杭州:浙江大学出版社,2007.

附 录

appendices

附录一　常用酸碱溶液的浓度(15 ℃)

溶液名称	密度/(g·mL^{-1})	质量分数/%	物质的量浓度/(mol·L^{-1})
浓硫酸	1.84	95～96	18
稀硫酸	1.18	25	3
稀硫酸	1.06	9	1
浓盐酸	1.19	38	12
稀盐酸	1.10	20	6
稀盐酸	1.03	7	2
浓硝酸	1.40	65	14
稀硝酸	1.20	32	6
稀硝酸	1.07	12	2
浓磷酸	1.7	85	15
稀磷酸	1.05	9	1
稀高氯酸	1.12	19	2
浓氢氟酸	1.13	40	23
氢溴酸	1.38	40	7
氢碘酸	1.70	57	7.5
冰醋酸	1.05	99～100	17.5
稀醋酸	1.04	35	6
稀醋酸	1.02	12	2
浓氢氧化钠	1.36	33	11
稀氢氧化钠	1.09	8	2
浓氨水	0.88	35	18
浓氨水	0.91	25	13.5
稀氨水	0.96	11	6
稀氨水	0.99	3.5	2

附录二　干燥剂的干燥能力(30 ℃下,经干燥后空气中的残存水分)

物质	$\rho_{水分}$/(mg·L^{-1})
分子筛	1.2×10^{-3}

续表

物质	$\rho_{水分}$/(mg·L^{-1})
五氧化二磷	2×10^{-5}
氢氧化钾(溶解)	2×10^{-3}
浓硫酸(95%)	0.3
乙醇+干冰	1.6×10^{-2}
无水氯化钙	2×10^{-1}
无水硫酸铜	1.4
氧化钙	0.2
无水硫酸钙	4×10^{-3}
硅胶	3×10^{-2}
铝胶	5×10^{-3}
过氯酸镁(无水)	5×10^{-4}

附录三　无机恶臭物质在空气中的嗅阈值

名称	嗅阈值 ρ/(10^{-4}%)	感受气味
氨	46.8	刺鼻的畜棚臭味
溴	0.047	刺激性的漂白粉味
二硫化碳	0.21	刺激性硫化物臭味
氯	0.314	刺鼻的漂白粉味
盐酸气	10.0	刺鼻的灼烧感
硫化氢(来自 Na_2S)	0.004 7	臭鸡蛋味
硫化氢气	0.000 47	臭鸡蛋味
光气	1.0	干草味
磷化氢	0.021	洋葱味,芥末味
二氯化硫	0.001	硫化物味
二氧化硫	0.47	窒息感

附录四　基准试剂的干燥条件

基准试剂	使用前的干燥条件	标定对象
碳酸钠	在坩埚中加热到 270～300 ℃,干燥至恒重	酸
邻苯二甲酸氢钾	在 105～110 ℃下干燥至恒重	碱
草酸钠	在 105～110 ℃下干燥至恒重	$KMnO_4$
重铬酸钾	在 140 ℃下干燥至恒重	还原剂
碘酸钾	在 105～110 ℃下干燥至恒重	还原剂
溴酸钾	在 180 ℃下干燥 1～2 h	还原剂
三氧化二钾	在硫酸干燥器中干燥至恒重	氧化剂
铜	在硫酸干燥器中干燥至恒重	还原剂
锌	用 6 mol·L^{-1} HCl 溶液冲洗表面,再用水、乙醇、丙酮冲洗,在干燥器中放置 24 h	EDTA
氯化钠	在 500～600 ℃下灼烧至恒重	$AgNO_3$
草酸	室温空气干燥	碱或 $KMnO_4$

附录五 常用的酸碱指示剂及其变色范围

指示剂	变色范围	颜色变化	$pK^{\ominus}_{HIn}$	浓度	用量 滴·(10 mL 试液)$^{-1}$
百里酚蓝	1.2～2.8	红—黄	1.7	0.1%的20%乙醇溶液	1～2
甲基黄	2.9～4.0	红—黄	3.3	0.1%的90%乙醇溶液	1
甲基橙	3.1～4.4	红—黄	3.4	0.05%的水溶液	1
溴酚蓝	3.0～4.6	黄—紫	4.1	0.1%的20%乙醇溶液或其钠盐水溶液	1
溴甲酚绿	4.0～5.6	黄—蓝	4.9	0.1%的20%乙醇溶液或其钠盐水溶液	1～3
甲基红	4.4～6.2	红—黄	5.0	0.1%的60%乙醇溶液或其钠盐水溶液	1
溴百里酚蓝	6.2～7.6	黄—蓝	7.3	0.1%20%乙醇溶液或其钠盐水溶液	1
中性红	6.8～8.0	红—黄橙	7.4	0.1%的60%乙醇溶液	1
苯酚红	6.8～8.4	黄—红	8.0	0.1%的60%乙醇溶液或其钠盐水溶液	1
酚酞	8.0～10.0	无—红	9.1	0.5%的90%乙醇溶液	1～3
百里酚蓝	8.0～9.6	黄—蓝	8.9	0.1%的20%乙醇溶液	1～4
百里酚酞	9.4～10.6	无—蓝	10.0	0.1%的90%乙醇溶液	1～2

附录六 常用缓冲溶液的 pH 范围

缓冲溶液	$pK^{\ominus}_{a}$	pH 有效范围
盐酸-甘氨酸	2.4	1.4～3.4
盐酸-邻苯二甲酸氢钾	3.1	2.2～4.0
柠檬酸-氢氧化钠	2.9,4.1,5.8	2.2～6.5
蚁酸-氢氧化钠	3.8	2.8～4.6
醋酸-醋酸钠	4.74	3.6～5.6
邻苯二甲酸氢钾-氢氧化钾	5.4	4.0～6.2
琥珀酸氢钠-琥珀酸钠	5.5	4.8～5.3
柠檬酸氢二钠-氢氧化钠	5.8	5.0～6.3
磷酸二氢钾-氢氧化钠	7.2	5.8～8.0
磷酸二氢钾-硼砂	7.2	5.8～9.2
磷酸二氢钾-磷酸氢二钾	7.2	5.9～8.0
硼酸-硼砂	9.2	7.2～9.2
硼酸-氢氧化钠	9.2	8.0～10.0
甘氨酸-氢氧化钠	9.7	8.2～10.1
氯化铵-氨水	9.3	8.3～10.3
碳酸氢钠-碳酸钠	10.3	9.2～11.0
磷酸氢二钠-氢氧化钠	12.4	11.0～12.0

附录七　冷　却　剂

物质及混合比例	最低温度/℃
氯化钾(19.75%):冰(80.25%)	−11.1
氯化钠(22.4%):冰(77.6%)	−21.2
氯化钙($CaCl_2 \cdot 6H_2O$)(58.8%):冰(41.2%)	−55
氯化锌(51.0%):冰(49.0%)	−62
氯化钠(21.8%):硝酸钠(20.5%):冰(57.7%)	−25.5
氯化钠(23.0%):硫酸钠($Na_2SO_4 \cdot 10H_2O$)(0.2%):冰(76.8%)	−21.4
乙基醇:干冰	−72
乙醚:干冰	−77

附录八　一些弱酸、弱碱在水中的解离常数(298 K)

弱电解质	解离常数	弱电解质	解离常数
H_3AsO_4	$K_1=6.32\times10^{-3}$	H_2S	$K_1=9.1\times10^{-8}$
	$K_2=1.05\times10^{-7}$		$K_2=1.1\times10^{-12}$
	$K_3=3.17\times10^{-12}$	HAc	1.76×10^{-5}
H_3BO_3	$K_1=5.76\times10^{-10}$	HCOOH	1.77×10^{-4}
	$K_2=1.84\times10^{-13}$	H_2SiO_3	$K_1=1.71\times10^{-10}$
	$K_3=1.59\times10^{-14}$		$K_2=1.59\times10^{-12}$
HBrO	2.06×10^{-9}	H_2SO_3	$K_1=1.26\times10^{-2}$
H_2CO_3	$K_1=4.30\times10^{-7}$		$K_2=6.36\times10^{-8}$
	$K_2=5.61\times10^{-11}$	H_2O_2	2.4×10^{-12}
$H_2C_2O_4$	$K_1=5.90\times10^{-2}$	NH_4^+	5.64×10^{-10}
	$K_2=6.40\times10^{-5}$	$CH_2ClCOOH$	1.4×10^{-3}
HCN	4.93×10^{-10}	$CHCl_2COOH$	3.32×10^{-2}
HClO	3.17×10^{-8}	乙二胺	$K_1=8.57\times10^{-5}$
H_2CrO_4	$K_1=1.80\times10^{-1}$		$K_2=7.12\times10^{-8}$
	$K_2=3.20\times10^{-7}$	AgOH	1.0×10^{-2}
HF	3.53×10^{-4}	$Al(OH)_3$	$K_1=5.0\times10^{-9}$
HIO_3	1.69×10^{-1}		$K_2=2.0\times10^{-10}$
HIO	2.3×10^{-11}	$Be(OH)_2$	$K_1=1.78\times10^{-6}$
HNO_2	4.6×10^{-4}		$K_2=2.5\times10^{-9}$
H_3PO_4	$K_1=7.52\times10^{-3}$	$Ca(OH)_2$	$K_2=6.0\times10^{-2}$
	$K_2=6.23\times10^{-8}$	$Zn(OH)_2$	$K_1=8.0\times10^{-7}$
	$K_3=2.2\times10^{-13}$	$NH_3 \cdot H_2O$	$K_1=1.77\times10^{-5}$

附录九　常见难溶电解质的溶度积 $K_{sp}^{\ominus}$(298 K)

物质	溶度积 $K_{sp}^{\ominus}$	$pK_{sp}^{\ominus}$	物质	溶度积 $K_{sp}^{\ominus}$	$pK_{sp}^{\ominus}$
AgBr	5.0×10^{-13}	12.30	BiI_3	8.1×10^{-19}	18.09
$AgBrO_3$	5.5×10^{-5}	4.26	$Bi(OH)_3$	4×10^{-31}	30.4
AgCN	2.2×10^{-16}	15.66	BiOBr	3.0×10^{-7}	6.52
Ag_2CO_3	8.1×10^{-12}	11.09	BiOCl	1.8×10^{-31}	30.74
$Ag_2C_2O_4$	3.4×10^{-11}	10.47	$BiO(NO_2)$	4.9×10^{-7}	6.31
AgCl	1.8×10^{-10}	9.74	$BiO(NO_3)$	2.8×10^{-3}	2.55
Ag_2CrO_4	1.2×10^{-12}	11.92	BiOOH	4×10^{-10}	9.4
$Ag_2Cr_2O_7$	2.0×10^{-7}	6.70	$BiPO_4$	1.3×10^{-23}	22.89
AgI	8.3×10^{-17}	16.08	Bi_2S_3	1×10^{-97}	97
$AgIO_3$	3.1×10^{-8}	7.51	$CaCO_3$	2.8×10^{-9}	8.55
$AgNO_2$	6.0×10^{-4}	3.22	$CaC_2O_4\cdot H_2O$	4×10^{-9}	8.4
Ag_2O	3.8×10^{-16}	15.42	$CaCrO_4$	7.1×10^{-4}	3.15
Ag_3PO_4	2.8×10^{-18}	17.55	CaF_2	3.9×10^{-11}	10.41
Ag_2S	8×10^{-51}	50.1	$CaHPO_4$	2.6×10^{-8}	7.59
AgSCN	1.1×10^{-12}	11.96	$Ca(OH)_2$	6.5×10^{-6}	5.19
Ag_2SO_3	1.5×10^{-14}	13.82	$Ca_3(PO_4)_2$	2.0×10^{-29}	28.70
Ag_2SO_4	1.5×10^{-5}	4.83	$CaSO_3$	6.8×10^{-8}	7.17
$Al(OH)_3$	3×10^{-34}	33.5	$CaSO_4$	2.4×10^{-5}	4.62
$AlPO_4$	6.3×10^{-19}	18.20	$Ca[SiF_6]$	8.1×10^{-4}	3.09
Al_2S_3	2.0×10^{-7}	6.7	$CaSiO_3$	2.5×10^{-8}	7.60
AuCl	2.0×10^{-13}	12.7	$CdCO_3$	1.8×10^{-14}	13.74
AuI	1.6×10^{-23}	22.8	$CdC_2O_4\cdot 3H_2O$	9.1×10^{-8}	7.04
$AuCl_3$	3.2×10^{-25}	24.5	$Cd_3(PO_4)_2$	2.5×10^{-33}	32.6
AuI_3	1×10^{-46}	46	CdS	8.0×10^{-27}	26.1
$Au(OH)_3$	3×10^{-6}	5.52	CeF_3	8×10^{-16}	15.1
$BaCO_3$	5.0×10^{-9}	8.30	CeO_2	8×10^{-37}	36.1
BaC_2O_4	1×10^{-6}	6.0	$Ce(OH)_3$	1.6×10^{-20}	19.8
$BaIO_3$	1.5×10^{-9}	8.82	$CePO_4$	1.0×10^{-23}	23
$BaCrO_4$	2.1×10^{-10}	9.68	Ce_2S_3	6.0×10^{-11}	10.22
BaF_2	1.7×10^{-6}	5.77	$CoCO_3$	1.4×10^{-13}	12.85
$BaHPO_4$	3.2×10^{-7}	6.49	$CoHPO_4$	2.0×10^{-7}	6.7
$Ba(NO_3)_2$	4.5×10^{-3}	2.35	$Co(OH)_2$(新制备)	1.6×10^{-15}	14.8
$Ba(OH)_2$	5×10^{-3}	2.3	$Co(OH)_3$	1.6×10^{-44}	43.8
$Ba_3(PO_4)_2$	3.4×10^{-23}	22.47	$Co_3(PO_4)_2$	2.0×10^{-35}	34.7
$BaSO_3$	8×10^{-7}	6.1	α-CoS	4.0×10^{-21}	20.4
$BaSO_4$	1.1×10^{-10}	9.96	β-CoS	2.0×10^{-25}	24.7
BaS_2O_3	1.6×10^{-5}	4.8	$Cr(OH)_2$	2×10^{-16}	15.7
$BeCO_3\cdot 4H_2O$	1×10^{-3}	3	CrF_3	6.6×10^{-11}	10.18
$Be(OH)_2$(无定形)	1.6×10^{-22}	21.8	$Cr(OH)_3$	6.3×10^{-31}	30.2

续表

物质	溶度积 $K_{sp}^{\ominus}$	$pK_{sp}^{\ominus}$	物质	溶度积 $K_{sp}^{\ominus}$	$pK_{sp}^{\ominus}$
CuBr	5.3×10^{-9}	8.28	$Mg(OH)_2$	1.8×10^{-11}	10.74
CuCl	1.2×10^{-6}	5.92	$MgSO_3$	3.2×10^{-3}	2.49
CuCN	3.2×10^{-20}	19.49	$MnCO_3$	1.8×10^{-11}	10.74
CuI	1.1×10^{-12}	11.96	$Mn(OH)_2$	1.9×10^{-13}	12.72
CuOH	1×10^{-14}	14.0	MnS(无定形)	2.5×10^{-10}	9.6
CuSCN	4.8×10^{-15}	14.32	MnS(晶状)	2.5×10^{-13}	12.6
$CuCO_3$	1.4×10^{-10}	9.85	Na_3AlF_6	4.0×10^{-10}	9.4
CuC_2O_4	2.3×10^{-8}	7.64	$NiCO_3$	6.6×10^{-9}	8.18
Cu_2S	2.5×10^{-48}	47.6	NiC_2O_4	4×10^{-10}	9.4
$CuCrO_4$	3.6×10^{-6}	5.44	$Ni(OH)_2$(新制备)	2.0×10^{-15}	14.7
$Cu_2[Fe(CN)_6]$	1.3×10^{-16}	15.89	α-NiS	3.2×10^{-19}	18.49
$Cu(IO_3)_2$	7.4×10^{-8}	7.13	β-NiS	1.0×10^{-24}	24.0
$Cu(OH)_2$	2.2×10^{-20}	19.66	γ-NiS	2.0×10^{-26}	25.7
$Cu_3(PO_4)_2$	1.3×10^{-37}	36.89	$PbAc_2$	1.8×10^{-3}	2.74
CuS	6.3×10^{-36}	35.2	$PbBr_2$	4.0×10^{-5}	4.4
$FeCO_3$	3.2×10^{-11}	10.49	$PbCO_3$	7.4×10^{-14}	13.13
$Fe(OH)_2$	8.0×10^{-16}	15.1	PbC_2O_4	4.8×10^{-10}	9.32
FeS	6.3×10^{-18}	17.2	$PbCl_2$	1.6×10^{-5}	4.8
$Fe(OH)_3$	4×10^{-38}	37.4	$PbCrO_4$	2.8×10^{-13}	12.55
$FePO_4$	1.3×10^{-22}	21.89	PbF_2	2.7×10^{-8}	7.57
Hg_2Br_2	5.6×10^{-23}	22.25	PbI_2	7.1×10^{-9}	8.15
$Hg_2(CN)_2$	5×10^{-40}	39.3	$Pb(IO_3)_2$	3.2×10^{-13}	12.49
Hg_2CO_3	8.9×10^{-17}	16.05	$Pb(OH)_2$	1.2×10^{-15}	14.92
$Hg_2C_2O_4$	2.0×10^{-13}	12.7	PbOHBr	2.0×10^{-15}	14.7
Hg_2Cl_2	1.3×10^{-18}	17.88	PbOHCl	2×10^{-14}	13.7
Hg_2I_2	4.5×10^{-29}	28.35	$PbOHNO_3$	2.8×10^{-4}	3.55
$Hg_2(OH)_2$	2.0×10^{-24}	23.7	$Pb_3(PO_4)_2$	8.0×10^{-43}	42.1
Hg_2S	1.0×10^{-47}	47.0	PbS	1.3×10^{-28}	27.89
$Hg_2(SCN)_2$	2.0×10^{-20}	19.7	$Pb(SCN)_2$	2.0×10^{-5}	4.7
Hg_2SO_3	1.0×10^{-27}	27.0	$PbSO_4$	1.6×10^{-8}	7.8
Hg_2SO_4	7.4×10^{-7}	6.13	PbS_2O_3	4.0×10^{-7}	6.4
$Hg(OH)_2$	3.0×10^{-26}	25.52	$Pb(OH)_4$	3.2×10^{-66}	65.49
HgS(红色)	4×10^{-53}	52.4	$Pd(OH)_2$	1.0×10^{-31}	31.0
HgS(黑色)	1.6×10^{-52}	51.8	$Sc(OH)_3$	8.0×10^{-31}	30.1
KIO_4	8.3×10^{-4}	3.08	$Sn(OH)_2$	1.4×10^{-28}	27.85
$K_2[PtCl_6]$	1.1×10^{-5}	4.96	SnS	1.0×10^{-25}	25.0
Li_2CO_3	2.5×10^{-2}	1.6	$Sn(OH)_4$	1×10^{-56}	56
LiF	3.8×10^{-3}	2.42	$SrCO_3$	1.1×10^{-10}	9.96
Li_3PO_4	3.2×10^{-9}	8.49	$SrC_2O_4\cdot H_2O$	1.6×10^{-7}	6.8
$MgCO_3$	3.5×10^{-8}	7.46	$SrCrO_4$	2.2×10^{-5}	4.66
MgF_2	6.5×10^{-9}	8.19	SrF_2	2.5×10^{-9}	8.61

续表

物质	溶度积 $K_{sp}^{\ominus}$	$pK_{sp}^{\ominus}$	物质	溶度积 $K_{sp}^{\ominus}$	$pK_{sp}^{\ominus}$
$SrSO_3$	4×10^{-8}	7.4	ZnC_2O_4	2.7×10^{-8}	7.57
$SrSO_4$	3.2×10^{-7}	6.49	$Zn(OH)_2$	1.2×10^{-17}	16.92
$Ti(OH)_3$	1×10^{-40}	40	$\alpha-ZnS$	1.6×10^{-24}	23.8
$ZnCO_3$	1.4×10^{-11}	10.85	$\beta-ZnS$	2.5×10^{-22}	21.6

附录十　标准电极电势(298 K)

一、在酸性溶液中

电极反应	$\varphi_A^{\ominus}$/V	电极反应	$\varphi_A^{\ominus}$/V
$Li^+ + e^- \rightleftharpoons Li$	−3.045	$TlI^{2+} + e^- \rightleftharpoons Tl + I^-$	−0.752
$K^+ + e^- \rightleftharpoons K$	−2.925	$Cr^{3+} + 3e^- \rightleftharpoons Cr$	−0.744
$Rb^+ + e^- \rightleftharpoons Rb$	−2.925	$TiO_2 + 4H^+ + e^- \rightleftharpoons Ti^{3+} + 2H_2O$	−0.666
$Cs^+ + e^- \rightleftharpoons Cs$	−2.923	$TlBr + e^- \rightleftharpoons Tl + Br^-$	−0.658
$Ra^{2+} + 2e^- \rightleftharpoons Ra$	−2.916	$TlCl + e^- \rightleftharpoons Tl + Cl^-$	−0.557
$Ba^{2+} + 2e^- \rightleftharpoons Ba$	−2.906	$Sb + 3H^+ + 3e^- \rightleftharpoons SbH_3$	−0.510
$Sr^{2+} + 2e^- \rightleftharpoons Sr$	−2.888	$H_3PO_3 + 3H^+ + 3e^- \rightleftharpoons P + 3H_2O$	−0.502
$Ca^{2+} + 2e^- \rightleftharpoons Ca$	−2.866	$TiO_2 + 4H^+ + 2e^- \rightleftharpoons Ti^{2+} + 2H_2O$	−0.502
$Na^+ + e^- \rightleftharpoons Na$	−2.714	$2CO_2 + 2H^+ + 2e^- \rightleftharpoons H_2C_2O_4$	−0.49
$La^{3+} + 3e^- \rightleftharpoons La$	−2.522	$SiO_3^{2-} + 6H^+ + 4e^- \rightleftharpoons Si + 3H_2O$	−0.455
$Ce^{3+} + 3e^- \rightleftharpoons Ce$	−2.483	$Fe^{2+} + 2e^- \rightleftharpoons Fe$	−0.440
$Y^{3+} + 3e^- \rightleftharpoons Y$	−2.372	$Cr^{3+} + e^- \rightleftharpoons Cr^{2+}$	−0.408
$Mg^{2+} + 2e^- \rightleftharpoons Mg$	−2.363	$Cd^{2+} + 2e^- \rightleftharpoons Cd$	−0.403
$H_2 + 2e^- \rightleftharpoons 2H^-$	−2.25	$Ti^{3+} + e^- \rightleftharpoons Ti^{2+}$	−0.368
$Sc^{3+} + 3e^- \rightleftharpoons Sc$	−2.077	$PbSO_4 + 2e^- \rightleftharpoons Pb + SO_4^{2-}$	−0.359
$Be^{2+} + 2e^- \rightleftharpoons Be$	−1.847	$Tl^+ + e^- \rightleftharpoons Tl$	−0.336
$Ti^{2+} + 2e^- \rightleftharpoons Ti$	−1.628	$PbBr_2 + 2e^- \rightleftharpoons Pb + 2Br^-$	−0.284
$Al^{3+} + 3e^- \rightleftharpoons Al$	−1.622	$Co^{2+} + 2e^- \rightleftharpoons Co$	−0.277
$Ti^{3+} + 3e^- \rightleftharpoons Ti$	−1.21	$H_3PO_4 + 2H^+ + 2e^- \rightleftharpoons H_3PO_3 + H_2O$	−0.276
$V^{2+} + 2e^- \rightleftharpoons V$	−1.186	$PbCl_2 + 2e^- \rightleftharpoons Pb + 2Cl^-$	−0.268
$Mn^{2+} + 2e^- \rightleftharpoons Mn$	−1.180	$V^{3+} + e^- \rightleftharpoons V^{2+}$	−0.256
$Cr^{2+} + 2e^- \rightleftharpoons Cr$	−0.913	$Ni^{2+} + 2e^- \rightleftharpoons Ni$	−0.250
$BeO_2^{2-} + 4H^+ + 2e^- \rightleftharpoons Be + 2H_2O$	−0.909	$VO_2^+ + 4H^+ + 5e^- \rightleftharpoons V + 2H_2O$	−0.25
$H_3BO_3 + 3H^+ + 3e^- \rightleftharpoons B + 3H_2O$	−0.870	$CO_2 + 2H^+ + 2e^- \rightleftharpoons HCOOH$	−0.199
$SiO_2 + 4H^+ + 4e^- \rightleftharpoons Si + 2H_2O$	−0.857	$CuI + e^- \rightleftharpoons Cu + I^-$	−0.185
$H_2SiO_3 + 4H^+ + 4e^- \rightleftharpoons Si + 3H_2O$	−0.84	$AgI + e^- \rightleftharpoons Ag + I^-$	−0.152
$V^{3+} + 3e^- \rightleftharpoons V$	−0.835	$Sn^{2+} + 2e^- \rightleftharpoons Sn$	−0.136
$SnO_2 + 4H^+ + 2e^- \rightleftharpoons Sn^{2+} + 2H_2O$	−0.77	$Pb^{2+} + 2e^- \rightleftharpoons Pb$	−0.126
$Zn^{2+} + 2e^- \rightleftharpoons Zn$	−0.763	$CO_2 + 2H^+ + 2e^- \rightleftharpoons CO + H_2O$	−0.12

续表

电极反应	$\varphi_A^\ominus$/V	电极反应	$\varphi_A^\ominus$/V
$SnO_2+2H^++2e^- \rightleftharpoons SnO+H_2O$	−0.108	$AgIO_3+e^- \rightleftharpoons Ag+IO_3^-$	0.354
$SnO+2H^++2e^- \rightleftharpoons Sn+H_2O$	−0.104	$SO_4^{2-}+8H^++6e^- \rightleftharpoons S+4H_2O$	0.357
$S+H^++2e^- \rightleftharpoons HS^-$	−0.065	$VO^{2+}+2H^++e^- \rightleftharpoons V^{3+}+H_2O$	0.359
$Fe_2O_3+6H^++6e^- \rightleftharpoons 2Fe+3H_2O$	−0.051	$VO_2^++4H^++3e^- \rightleftharpoons V^{2+}+2H_2O$	0.360
$VO^{2+}+e^- \rightleftharpoons VO^+$	−0.044	$SbO_3^-+2H^++2e^- \rightleftharpoons SbO_2^-+H_2O$	0.363
$Ti^{4+}+e^- \rightleftharpoons Ti^{3+}$	−0.04	$Bi_2O_3+6H^++6e^- \rightleftharpoons 2Bi+3H_2O$	0.371
$[HgI_4]^{2-}+2e^- \rightleftharpoons Hg+4I^-$	−0.038	$SnO_3^{2-}+3H^++2e^- \rightleftharpoons HSnO_2^-+H_2O$	0.374
$CuI_2^-+e^- \rightleftharpoons Cu+2I^-$	0.00	$[HgCl_4]^{2-}+2e^- \rightleftharpoons Hg+4Cl^-$	0.38
$HSO_3^-+5H^++4e^- \rightleftharpoons S+3H_2O$	0.00	$[PtI_6]^{2-}+2e^- \rightleftharpoons [PtI_4]^{2-}+2I^-$	0.393
$2H^++2e^- \rightleftharpoons H_2$	0.000 00	$2H_2SO_3+2H^++4e^- \rightleftharpoons S_2O_3^{2-}+3H_2O$	0.400
$Sn^{4+}+4e^- \rightleftharpoons Sn$	0.009	$Co^{3+}+3e^- \rightleftharpoons Co$	0.4
$CuBr+e^- \rightleftharpoons Cu+Br^-$	0.033	$As_2O_5+10H^++10e^- \rightleftharpoons 2As+5H_2O$	0.429
$P+3H^++3e^- \rightleftharpoons PH_3$	0.063 7	$H_2AsO_3+4H^++4e^- \rightleftharpoons As+3H_2O$	0.450
$AgBr+e^- \rightleftharpoons Ag+Br^-$	0.071	$Ru^{2+}+2e^- \rightleftharpoons Ru$	0.45
$Si+4H^++4e^- \rightleftharpoons SiH_4$	0.102	$S_2O_3^{2-}+6H^++4e^- \rightleftharpoons 2S+3H_2O$	0.465
$NiO+2H^++2e^- \rightleftharpoons Ni+H_2O$	0.110	$CO+6H^++6e^- \rightleftharpoons CH_4+H_2O$	0.497
$CuCl+e^- \rightleftharpoons Cu+Cl^-$	0.137	$4H_2SO_3+4H^++6e^- \rightleftharpoons S_4O_6^{2-}+6H_2O$	0.51
$S+2H^++2e^- \rightleftharpoons H_2S$(水)	0.142	$Cu^++e^- \rightleftharpoons Cu$	0.521
$SO_4^{2-}+8H^++8e^- \rightleftharpoons S^{2-}+4H_2O$	0.149	$I_2+2e^- \rightleftharpoons 2I^-$	0.536
$Sb_2O_3+6H^++6e^- \rightleftharpoons 2Sb+3H_2O$	0.150	$I_3^-+2e^- \rightleftharpoons 3I^-$	0.536
$Sn^{4+}+2e^- \rightleftharpoons Sn^{2+}$	0.151	$Cu^{2+}+Cl^-+e^- \rightleftharpoons CuCl$	0.538
$Cu^{2+}+e^- \rightleftharpoons Cu^+$	0.153	$AgBrO_3+e^- \rightleftharpoons Ag+BrO_3^-$	0.546
$BiOCl+2H^++3e^- \rightleftharpoons Bi+Cl^-+H_2O$	0.160	$H_3AsO_4+2H^++2e^- \rightleftharpoons HAsO_2+2H_2O$	0.56
$SO_4^{2-}+4H^++2e^- \rightleftharpoons H_2SO_3+H_2O$	0.172	$CuO+2H^++2e^- \rightleftharpoons Cu+H_2O$	0.570
$Bi^{3+}+3e^- \rightleftharpoons Bi$	0.2	$[PtBr_4]^{2-}+2e^- \rightleftharpoons Pt+4Br^-$	0.58
$2Cu^{2+}+H_2O+2e^- \rightleftharpoons Cu_2O+2H^+$	0.203	$Sb_2O_5+6H^++4e^- \rightleftharpoons 2SbO^++3H_2O$	0.581
$SbO^++2H^++3e^- \rightleftharpoons Sb+H_2O$	0.204	$[PdCl_4]^{2-}+2e^- \rightleftharpoons Pd+4Cl^-$	0.591
$AgCl+e^- \rightleftharpoons Ag+Cl^-$	0.222	$[PdBr_4]^{2-}+2e^- \rightleftharpoons Pd+4Br^-$	0.60
$[HgBr_4]^{2-}+2e^- \rightleftharpoons Hg+4Br^-$	0.223	$2HgCl_2+2e^- \rightleftharpoons Hg_2Cl_2+2Cl^-$	0.63
$CO_3^{2-}+3H^++2e^- \rightleftharpoons HCOO^-+H_2O$	0.227	$Cu^{2+}+Br^-+e^- \rightleftharpoons CuBr$	0.640
$SO_3^{2-}+6H^++6e^- \rightleftharpoons S^{2-}+3H_2O$	0.231	$Ag_2SO_4+2e^- \rightleftharpoons 2Ag+SO_4^{2-}$	0.654
$As_2O_3+6H^++6e^- \rightleftharpoons 2As+3H_2O$	0.234	$PbO_2+4H^++4e^- \rightleftharpoons Pb+2H_2O$	0.666
$Sb^{3+}+3e^- \rightleftharpoons Sb$	0.24	$VO_2^++4H^++2e^- \rightleftharpoons V^{3+}+2H_2O$	0.668
饱和甘汞电极(饱和 KCl 溶液)	0.241 2	$[PtCl_6]^{2-}+2e^- \rightleftharpoons [PtCl_4]^{2-}+2Cl^-$	0.68
$PbO+2H^++2e^- \rightleftharpoons Pb+H_2O$	0.248	$O_2+2H^++2e^- \rightleftharpoons H_2O_2$	0.682
$N_2+8H^++6e^- \rightleftharpoons 2NH_4^+$	0.26	$2SO_3^{2-}+6H^++4e^- \rightleftharpoons S_2O_3^{2-}+3H_2O$	0.705
$Hg_2Cl_2+2e^- \rightleftharpoons 2Hg+2Cl^-$	0.268	$Tl^{3+}+3e^- \rightleftharpoons Tl$	0.71
甘汞电极($1\ mol\cdot L^{-1}$ KCl 溶液)	0.280	$SbO_2^++2H^++2e^- \rightleftharpoons SbO^++H_2O$	0.720
$2SO_4^{2-}+10H^++8e^- \rightleftharpoons S_2O_3^{2-}+5H_2O$	0.29	$SbO_3^-+4H^++2e^- \rightleftharpoons SbO^++2H_2O$	0.720
$Re^{3+}+3e^- \rightleftharpoons Re$	0.300	$[PtCl_4]^{2-}+2e^- \rightleftharpoons Pt+4Cl^-$	0.73
$Cu^{2+}+2e^- \rightleftharpoons Cu$	0.337	$Fe^{3+}+e^- \rightleftharpoons Fe^{2+}$	0.771

续表

电极反应	$\varphi_A^\ominus$/V	电极反应	$\varphi_A^\ominus$/V
$Hg_2^{2+} + 2e^- \rightleftharpoons 2Hg$	0.788	$2NO_3^- + 12H^+ + 10e^- \rightleftharpoons N_2 + 6H_2O$	1.24
$Ag^+ + e^- \rightleftharpoons Ag$	0.799	$Tl^{3+} + 2e^- \rightleftharpoons Tl^+$	1.25
$NO_3^- + 2H^+ + e^- \rightleftharpoons NO_2 + H_2O$	0.80	$VO_4^{3-} + 6H^+ + 2e^- \rightleftharpoons VO^+ + 3H_2O$	1.256
$Rh^{3+} + 3e^- \rightleftharpoons Rh$	0.80	$2HNO_2 + 4H^+ + 4e^- \rightleftharpoons N_2O + 3H_2O$	1.29
$AuBr_4^- + 2e^- \rightleftharpoons AuBr_2^- + 2Br^-$	0.82	$Cr_2O_7^{2-} + 14H^+ + 6e^- \rightleftharpoons 2Cr^{3+} + 7H_2O$	1.33
$Hg^{2+} + 2e^- \rightleftharpoons Hg$	0.854	$HBrO + H^+ + 2e^- \rightleftharpoons Br^- + H_2O$	1.33
$Cu^{2+} + I^- + e^- \rightleftharpoons CuI$	0.86	$ClO_4^- + 8H^+ + 7e^- \rightleftharpoons \frac{1}{2}Cl_2 + 4H_2O$	1.34
$HNO_2 + 7H^+ + 6e^- \rightleftharpoons NH_4^+ + 2H_2O$	0.864	$2NO_2 + 8H^+ + 8e^- \rightleftharpoons N_2 + 4H_2O$	1.35
$NO_3^- + 10H^+ + 8e^- \rightleftharpoons NH_4^+ + 3H_2O$	0.864	$Cl_2 + 2e^- \rightleftharpoons 2Cl^-$(g)	1.358
$AuBr_4^- + 3e^- \rightleftharpoons Au + 4Br^-$	0.87	$ClO_4^- + 8H^+ + 8e^- \rightleftharpoons Cl^- + 4H_2O$	1.38
$2Hg^{2+} + 2e^- \rightleftharpoons Hg_2^{2+}$	0.920	$Au^{3+} + 2e^- \rightleftharpoons Au^+$	1.40
$AuCl_4^- + 2e^- \rightleftharpoons AuCl_2^- + 2Cl^-$	0.926	$IO_4^- + 8H^+ + 8e^- \rightleftharpoons I^- + 4H_2O$	1.4
$NO_3^- + 3H^+ + 2e^- \rightleftharpoons HNO_2 + H_2O$	0.934	$2HNO_2 + 6H^+ + 6e^- \rightleftharpoons N_2 + 4H_2O$	1.44
$AuBr_2^- + e^- \rightleftharpoons Au + 2Br^-$	0.956	$BrO_3^- + 6H^+ + 6e^- \rightleftharpoons Br^- + 3H_2O$	1.44
$V_2O_5 + 6H^+ + 2e^- \rightleftharpoons 2VO^{2+} + 3H_2O$	0.958	$BrO_3^- + 5H^+ + 4e^- \rightleftharpoons HBrO + 2H_2O$	1.45
$NO_3^- + 4H^+ + 3e^- \rightleftharpoons NO + 2H_2O$	0.96	$ClO_3^- + 6H^+ + 6e^- \rightleftharpoons Cl^- + 3H_2O$	1.45
$Pb_3O_4 + 2H^+ + 2e^- \rightleftharpoons 3PbO + H_2O$	0.972	$2HIO + 2H^+ + 2e^- \rightleftharpoons I_2 + 2H_2O$	1.45
$2MnO_2 + 2H^+ + 2e^- \rightleftharpoons Mn_2O_3 + H_2O$	0.98	$PbO_2 + 4H^+ + 2e^- \rightleftharpoons Pb^{2+} + 2H_2O$	1.455
$Pd^{2+} + 2e^- \rightleftharpoons Pd$	0.987	$ClO_3^- + 6H^+ + 5e^- \rightleftharpoons \frac{1}{2}Cl_2 + 3H_2O$	1.47
$HIO + H^+ + 2e^- \rightleftharpoons I^- + H_2O$	0.99	$HClO + H^+ + 2e^- \rightleftharpoons Cl^- + H_2O$	1.494
$VO_2^+ + 2H^+ + e^- \rightleftharpoons VO^{2+} + H_2O$	0.999	$Au^{3+} + 3e^- \rightleftharpoons Au$	1.498
$AuCl_4^- + 3e^- \rightleftharpoons Au + 4Cl^-$	1.00	$Mn^{3+} + e^- \rightleftharpoons Mn^{2+}$	1.51
$HNO_2 + H^+ + e^- \rightleftharpoons NO + H_2O$	1.00	$MnO_4^- + 8H^+ + 5e^- \rightleftharpoons Mn^{2+} + 4H_2O$	1.51
$NO_2 + 2H^+ + 2e^- \rightleftharpoons NO + H_2O$	1.03	$O_3 + 6H^+ + 6e^- \rightleftharpoons 3H_2O$	1.511
$VO_4^{2-} + 6H^+ + 2e^- \rightleftharpoons VO^{2+} + 3H_2O$	1.031	$BrO_3^- + 6H^+ + 5e^- \rightleftharpoons \frac{1}{2}Br_2 + 3H_2O$	1.52
$N_2O_4 + 4H^+ + 4e^- \rightleftharpoons 2NO + 2H_2O$	1.035	$2NO + 2H^+ + 2e^- \rightleftharpoons N_2O + H_2O$	1.59
$N_2O_4 + 2H^+ + 2e^- \rightleftharpoons 2HNO_2$	1.065	$HClO + H^+ + e^- \rightleftharpoons \frac{1}{2}Cl_2 + H_2O$	1.63
$Br_2 + 2e^- \rightleftharpoons 2Br^-$(液)	1.065	$IO_4^- + 2H^+ + 2e^- \rightleftharpoons IO_3^- + H_2O$	1.653
$NO_2 + H^+ + e^- \rightleftharpoons HNO_2$	1.07	$NiO_2 + 4H^+ + 2e^- \rightleftharpoons Ni^{2+} + 2H_2O$	1.678
$IO_3^- + 6H^+ + 6e^- \rightleftharpoons I^- + 3H_2O$	1.085	$2NO + 4H^+ + 4e^- \rightleftharpoons N_2 + 2H_2O$	1.68
$Br_2 + 2e^- \rightleftharpoons 2Br^-$(水)	1.087	$PbO_2 + SO_4^{2-} + 4H^+ + 2e^- \rightleftharpoons PbSO_4 + 2H_2O$	1.682
$HVO_3 + 3H^+ + e^- \rightleftharpoons VO^{2+} + 2H_2O$	1.1	$Pb^{4+} + 2e^- \rightleftharpoons Pb^{2+}$	1.69
$2NO_3^- + 10H^+ + 8e^- \rightleftharpoons N_2O + 5H_2O$	1.116	$Au^+ + e^- \rightleftharpoons Au$	1.691
$AuCl_2^- + e^- \rightleftharpoons Au + 2Cl^-$	1.15	$MnO_4^- + 4H^+ + 3e^- \rightleftharpoons MnO_2 + 2H_2O$	1.692
$AuCl + e^- \rightleftharpoons Au + Cl^-$	1.17	$BrO_4^- + 2H^+ + 2e^- \rightleftharpoons BrO_3^- + H_2O$	1.763
$ClO_4^- + 2H^+ + 2e^- \rightleftharpoons ClO_3^- + H_2O$	1.19	$N_2O + 2H^+ + 2e^- \rightleftharpoons N_2 + H_2O$	1.77
$2IO_3^- + 12H^+ + 10e^- \rightleftharpoons I_2 + 6H_2O$	1.195	$H_2O_2 + 2H^+ + 2e^- \rightleftharpoons 2H_2O$	1.776
$[RhCl_6]^{2-} + e^- \rightleftharpoons [RhCl_6]^{3-}$	1.2	$NaBiO_3 + 4H^+ + 2e^- \rightleftharpoons BiO^+ + Na^+ + 2H_2O$	>1.8
$ClO_3^- + 3H^+ + 2e^- \rightleftharpoons HClO_2 + H_2O$	1.21		
$O_2 + 4H^+ + 4e^- \rightleftharpoons 2H_2O$	1.229		
$MnO_2 + 4H^+ + 2e^- \rightleftharpoons Mn^{2+} + 2H_2O$	1.23		

续表

电极反应	$\varphi_A^{\ominus}$/V	电极反应	$\varphi_A^{\ominus}$/V
$Co^{3+}+e^- \rightleftharpoons Co^{2+}$	1.808	$S_2O_8^{2-}+2H^++2e^- \rightleftharpoons 2HSO_4^-$	2.123
$Ag^{2+}+e^- \rightleftharpoons Ag^+$	1.98	$MnO_4^{2-}+4H^++2e^- \rightleftharpoons MnO_2+2H_2O$	2.257
$S_2O_8^{2-}+2e^- \rightleftharpoons 2SO_4^{2-}$	2.01	$F_2+2H^++2e^- \rightleftharpoons 2HF$	3.035
$O_3+2H^++2e^- \rightleftharpoons O_2+H_2O$	2.07		

二、碱性溶液中

电极反应	$\varphi_B^{\ominus}$/V	电极反应	$\varphi_B^{\ominus}$/V
$Al(OH)_3+3e^- \rightleftharpoons Al+3OH^-$	−2.30	$2SO_3^{2-}+3H_2O+4e^- \rightleftharpoons S_2O_3^{2-}+6OH^-$	−0.571
$SiO_3^{2-}+3H_2O+4e^- \rightleftharpoons Si+6OH^-$	−1.697	$PbCO_3+2e^- \rightleftharpoons Pb+CO_3^{2-}$	−0.509
$Mn(OH)_2+2e^- \rightleftharpoons Mn+2OH^-$	−1.55	$[Ni(NH_3)_6]^{2+}+2e^- \rightleftharpoons Ni+6NH_3$	−0.49
$[Fe(CN)_6]^{4-}+2e^- \rightleftharpoons Fe+6CN^-$	−1.5	$NiO_2+2H_2O+2e^- \rightleftharpoons Ni(OH)_2+2OH^-$	−0.490
$Cr(OH)_2+2e^- \rightleftharpoons Cr+2OH^-$	−1.41	$S+2e^- \rightleftharpoons S^{2-}$	−0.48
$ZnS+2e^- \rightleftharpoons Zn+S^{2-}$	−1.405	$2S+2e^- \rightleftharpoons S_2^{2-}$	−0.476
$Cr(OH)_3+3e^- \rightleftharpoons Cr+3OH^-$	−1.34	$[Cu(CN)_2]^-+e^- \rightleftharpoons Cu+2CN^-$	−0.429
$[Zn(CN)_4]^{2-}+2e^- \rightleftharpoons Zn+4CN^-$	−1.26	$Cu_2O+H_2O+2e^- \rightleftharpoons Cu+2OH^-$	−0.358
$Zn(OH)_2+2e^- \rightleftharpoons Zn+2OH^-$	−1.245	$Ag(CN)_2^-+e^- \rightleftharpoons Ag+2CN^-$	−0.31
$ZnO_2^{2-}+2H_2O+2e^- \rightleftharpoons Zn+4OH^-$	−1.216	$Cu(OH)_2+2e^- \rightleftharpoons Cu+2OH^-$	−0.224
$N_2+4H_2O+4e^- \rightleftharpoons N_2H_4+4OH^-$	−1.15	$NO_3^-+2H_2O+3e^- \rightleftharpoons NO+4OH^-$	−0.14
$NiS(\gamma)+2e^- \rightleftharpoons Ni+S^{2-}$	−1.04	$CrO_4^{2-}+4H_2O+3e^- \rightleftharpoons Cr(OH)_3+5OH^-$	−0.13
$[Zn(NH_3)_4]^{2+}+2e^- \rightleftharpoons Zn+4NH_3$	−1.04	$[Cu(NH_3)_2]^++e^- \rightleftharpoons Cu+2NH_3$	−0.12
$FeS+2e^- \rightleftharpoons Fe+S^{2-}$	−0.95	$[Cu(NH_3)_4]^{2+}+2e^- \rightleftharpoons Cu+4NH_3$	−0.05
$SO_4^{2-}+H_2O+2e^- \rightleftharpoons SO_3^{2-}+2OH^-$	−0.93	$MnO_2+2H_2O+2e^- \rightleftharpoons Mn(OH)_2+2OH^-$	−0.05
$PbS+2e^- \rightleftharpoons Pb+S^{2-}$	−0.93	$[Cu(NH_3)_4]^{2+}+e^- \rightleftharpoons [Cu(NH_3)_2]^++2NH_3$	−0.01
$HSnO_2^-+H_2O+2e^- \rightleftharpoons Sn+3OH^-$	−0.909	$NO_3^-+H_2O+2e^- \rightleftharpoons NO_2^-+2OH^-$	0.01
$CoS(\gamma)+2e^- \rightleftharpoons Co+S^{2-}$	−0.90	$Ag(S_2O_3)_2^{3-}+e^- \rightleftharpoons Ag+2S_2O_3^{2-}$	0.017
$Fe(OH)_2+2e^- \rightleftharpoons Fe+2OH^-$	−0.877	$S_4O_6^{2-}+2e^- \rightleftharpoons 2S_2O_3^{2-}$	0.08
$SnS+2e^- \rightleftharpoons Sn+S^{2-}$	−0.87	$[Co(NH_3)_6]^{3+}+e^- \rightleftharpoons [Co(NH_3)_6]^{2+}$	0.108
$NiS(\gamma)+2e^- \rightleftharpoons Ni+S^{2-}$	−0.83	$Mn(OH)_3+e^- \rightleftharpoons Mn(OH)_2+OH^-$	0.15
$[Co(CN)_6]^{3-}+e^- \rightleftharpoons [Co(CN)_6]^{4-}$	−0.83	$Co(OH)_3+e^- \rightleftharpoons Co(OH)_2+OH^-$	0.17
$2H_2O+2e^- \rightleftharpoons H_2+2OH^-$	−0.828	$2IO_3^-+6H_2O+10e^- \rightleftharpoons I_2+12OH^-$	0.21
$CuS+2e^- \rightleftharpoons Cu+S^{2-}$	−0.76	$PbO_2+H_2O+2e^- \rightleftharpoons PbO+2OH^-$	0.247
$Ni(OH)_2+2e^- \rightleftharpoons Ni+2OH^-$	−0.72	$IO_3^-+3H_2O+6e^- \rightleftharpoons I^-+6OH^-$	0.26
$HgS+2e^- \rightleftharpoons Hg+S^{2-}$(黑)	−0.69	$MnO_4^-+4H_2O+5e^- \rightleftharpoons Mn(OH)_2+6OH^-$	0.34
$SbO_2^-+2H_2O+3e^- \rightleftharpoons Sb+4OH^-$	−0.675	$[Fe(CN)_6]^{3-}+e^- \rightleftharpoons [Fe(CN)_6]^{4-}$	0.356
$AsO_4^{3-}+2H_2O+2e^- \rightleftharpoons AsO_2^-+4OH^-$	−0.67	$[Ag(NH_3)_2]^++e^- \rightleftharpoons Ag+2NH_3$	0.373
$Ag_2S+2e^- \rightleftharpoons 2Ag+S^{2-}$	−0.66	$O_2+2H_2O+4e^- \rightleftharpoons 4OH^-$	0.401
$SO_3^{2-}+3H_2O+4e^- \rightleftharpoons S+6OH^-$	−0.66	$2BrO^-+2H_2O+2e^- \rightleftharpoons Br_2+4OH^-$	0.45
$Au(CN)_2+2e^- \rightleftharpoons Au+2CN^-$	−0.611	$Ag_2CrO_4+2e^- \rightleftharpoons 2Ag+CrO_4^{2-}$	0.464
$PbO+H_2O+2e^- \rightleftharpoons Pb+2OH^-$	−0.58	$IO^-+H_2O+2e^- \rightleftharpoons I^-+2OH^-$	0.485

续表

电极反应	$\varphi_B^\ominus$/V	电极反应	$\varphi_B^\ominus$/V
$ClO^- + H_2O + e^- \rightleftharpoons \frac{1}{2}Cl_2 + 2OH^-$	0.49	$FeO_4^{2-} + 4H_2O + 3e^- \rightleftharpoons Fe(OH)_3 + 5OH^-$	0.72
$BrO_3^- + 2H_2O + 4e^- \rightleftharpoons BrO^- + 4OH^-$	0.54	$BrO^- + H_2O + 2e^- \rightleftharpoons Br^- + 2OH^-$	0.761
$MnO_4^- + e^- \rightleftharpoons MnO_4^{2-}$	0.558	$ClO^- + H_2O + 2e^- \rightleftharpoons Cl^- + 2OH^-$	0.89
$ClO_4^- + 4H_2O + 8e^- \rightleftharpoons Cl^- + 8OH^-$	0.56	$Cu^{2+} + 2CN^- + e^- \rightleftharpoons [Cu(CN)_2]^-$	1.12
$MnO_4^{2-} + 2H_2O + 2e^- \rightleftharpoons MnO_2 + 4OH^-$	0.603	$MnO_4^- + 2H_2O + 3e^- \rightleftharpoons MnO_2 + 4OH^-$	1.23
$BrO_3^- + 3H_2O + 6e^- \rightleftharpoons Br^- + 6OH^-$	0.61	$O_3 + H_2O + 2e^- \rightleftharpoons O_2 + 2OH^-$	1.24
$ClO_3^- + 3H_2O + 6e^- \rightleftharpoons Cl^- + 6OH^-$	0.63	$F_2 + 2e^- \rightleftharpoons 2F^-$	2.866

附录十一　实验室常用洗液

名称	配制方法	使用
合成洗涤剂	将合成洗涤剂粉用热水搅拌配成浓溶液	用于一般的洗涤,一定要用毛刷反复刷洗,冲净
重铬酸钾洗液	取 $K_2Cr_2O_7$(LR)20 g 于 500 mL 烧杯中,加水 40 mL,加热溶解,冷后沿杯壁在搅拌下缓慢加入 320 mL 粗浓 H_2SO_4 即成(注意边加边搅),贮于磨口细口瓶中,盖紧	具有强氧化性和强酸性,用于洗涤油污及有机物,使用前应先尽量除去仪器内的水,防止洗液被水稀释。用后倒回原瓶,可反复使用,直到红棕色溶液变为绿色时,即已失效
高锰酸钾碱性洗液	取 $KMnO_4$(LR)4 g,溶于少量水中,缓慢加入 100 mL 10% NaOH 溶液	用于洗涤油污及有机物。洗后玻璃壁上附着的 MnO_2 沉淀,可用粗亚铁盐或 Na_2SO_3 溶液洗去
氢氧化钠-乙醇溶液	120 g NaOH 溶于 150 mL 水中,用 95%乙醇稀释至 1 L	用于洗涤油污及某些有机物
酒精-浓硝酸洗液		用于洗涤沾有有机物或油污的结构较复杂的仪器,洗涤时先加少量酒精于脏仪器中,再加入少量浓硝酸
盐酸	取 HCl(CP)与水以 1∶1 体积混合,也可加入少量 $H_2C_2O_4$	为还原性强酸洗涤剂,可洗去多种金属氧化物及金属离子
盐酸-乙醇洗液	取 HCl(CP)与乙醇按 1∶2 体积比混合	主要用于洗涤被染色的吸收池、比色皿、吸量管等

本书编辑邮箱：dongshj@hep.com.cn